TURING 图灵新知

你不可不知的
50个地球知识

[英]马丁·雷德芬◎著 金琦◎译

（修订版）

Earth: 50 Ideas You Really Need to Know

人民邮电出版社

北　京

图书在版编目（CIP）数据

你不可不知的50个地球知识 / （英）马丁·雷德芬著；金琦 译. -- 2版（修订本）. -- 北京：人民邮电出版社，2019.4（2023.5重印）
（图灵新知）
ISBN 978-7-115-50787-7

Ⅰ. ①你… Ⅱ. ①马… ②金… Ⅲ. ①地球—普及读物 Ⅳ. ①P183-49

中国版本图书馆CIP数据核字(2019)第026045号

内 容 提 要

本书用独特的视角带领读者一览地球这个全宇宙已知唯一有生命的星球的全貌，揭示地球的自然进程：气候、洋流、气流、元素、板块构造、地质、生命的演变、火山、海平线以及地球的终极命运。通过50篇短小精悍的短文，介绍了关于地球的一些鲜为人知或极少被人注意的、十分有趣的知识和现象。本书适合对地球知识以及科普知识感兴趣的各类读者阅读。

◆ 著　　　 [英] 马丁·雷德芬（Martin Redfern）
　　译　　　 金 琦
　　责任编辑　戴 童
　　责任印制　周昇亮
◆ 人民邮电出版社出版发行　　北京市丰台区成寿寺路 11 号
　　邮编　100164　 电子邮件　315@ptpress.com.cn
　　网址　http://www.ptpress.com.cn
　　固安县铭成印刷有限公司印刷
◆ 开本：787×1092　1/24
　　印张：8.75　　　　　　　　　　2019年4月第2版
　　字数：228千字　　　　　　　 2023年5月河北第13次印刷
　　　　　　　　　　　　　　　　著作权合同登记号　图字：01-2017-7887号

定价：39.00元
读者服务热线：(010)84084456-6009　印装质量热线：(010)81055316
反盗版热线：(010)81055315
广告经营许可证：京东市监广登字 20170147 号

版 权 声 明

目　录

引　言

　　我们居住在一个奇妙的星球上。如果留心观察它，我们会惊异于它的美丽，敬畏它的威严，感激它赐予的礼物，我们会感到自己是幸运的。但是我们大多忙于生活，仅在地表之上行色匆匆而忘记了两个重要的维度——"深度"和"时间"。希望借由此书帮助大家记起那些被遗忘的维度。

　　细想一下你的脚下有什么。不要只想到你所熟悉的土壤和表层的岩石，而要想想地层深处。自地表向下几千米，是一个人类足迹尚未企及的地方，那里的高温高压环境是我们无法想象的。再往下七八千千米，你就来到了一个炽热的熔岩世界。地球并不是一块任由我们行走其上的静止的混凝土，而是一个有生命的、运动着的星球。坚硬的岩石会随着板块的漂移而运动，火山会喷发，广阔的深部地幔在缓缓地翻腾。地表下的岩石也不免受地表上的活动的影响。水、空气以及生命体都在不断地与地质相互作用着。没有海洋就没有陆地，没有生命体就没有我们赖以生存的大气或气候。地球的自然循环已经支持生命几十亿年之久，人类却不顾后果地干扰了它。

　　通过理解地球当前的各种地质运动，我们开启了对另一维度"时间"的认识。"时间"在这里指的不是午餐时间，也不是一生，而是"深时"。当时间以十亿年为单位来计量时，我们需要彻底转变思维才能理解它，要想了解自己的家园就更需要转变思维了。一旦转变了思维，你就会开始明白，在深时中每天的地质运动能够塑造和摧毁山脉、扩张海洋以及分离陆地。深时能够创造出新的物种，也能让它们消亡。相对于深时之钟，人类存在的时间几乎不到一秒，但我们却已经把地球搞得面目全非了。如果我们能更好地理解自己的家园，或许会更加友善地对待它。

01 地球的起源

我们是由星尘构成的。在137亿年前的宇宙大爆炸期间产生了原始的氢和氦，它们经过无数代恒星的核反应生成了构成我们身体的碳、氧和氮元素，还有硅、铝、镁、铁等构成地球的元素。

星尘的记忆　恒星不断剥离外层物质，直至走向生命的尽头。大质量恒星因无法承受自身的重量而坍缩，从而引发超新星爆炸，它们的灰烬散落成由尘埃和分子构成的云团。我们的太阳系就诞生于这样的云团。你身体中的每个分子都包含了恒星反应生成的元素，而你手上所戴金戒指中的每个原子也都产生于超新星爆炸。

在古老的陨石中出现短寿命放射性同位素的衰变产物，这表明它们是在太阳系形成不久之前诞生于附近的超新星爆炸。可能正是这样的一场爆炸引发了太阳星云的首次坍缩。

吸积　当气体和尘埃被吸引到最终会形成太阳的中心天体处时，星云匀速旋转的角动量会使被吸积的物质形成盘状。这一观点在很长一段时期内只停留在理论层面，但在高倍望远镜出现后，人们目睹了这一现象发生在其他恒星诞生区。例如，绘架座 β 星四周明显的尘埃和岩粒吸积盘现在就能够成为行星。在其他成百上千颗恒星周围探测到的所谓"太阳系外行星"表明，恒星的诞生常常伴有行星的形成。

大事年表

46 亿年前	45.67 亿年前	45.4 亿年前	45.27 亿年前
可能发生超新星爆炸，太阳星云开始形成	太阳系中最早的固体物质——陨石中的陨石球粒产生	原始地球的体积增至一定程度，开始熔融并分离出内核	月球形成

抓一颗流星

太阳星云中最早形成的坚硬岩粒是陨石球粒。它们多为粒状体硅酸盐岩石，直径在零点几毫米到 1 厘米不等。当硅酸盐尘粒因为靠近新生的太阳或被辐射，温度达到 1500℃ 时，就会形成熔滴状的陨石球粒。今天地球上 80% 的陨石中都有陨石球粒，而且它们生成的时间可以精确地推算出来。有着 45.67 亿岁高龄（误差为 50 万年）的陨石球粒是太阳系中最古老的物质。

人们普遍认为太阳系中的行星是细小岩粒在吸积过程中相互撞击、聚集而成。这一过程的开始阶段最难理解，因为此时几乎没有凝聚岩粒团的引力，而且冲撞还会将它们再次打散。也许，岩粒的汇集就好比运动中的液体，它们凝聚在一起并且只能偶尔获得充足的能量"飞离"星团。倘若岩粒的相对速度足够缓慢，它们就又能够重新黏着在一起。当它们的直径达到好几米时，引力就会俘获越来越多的物质。

分离 引力势能、放射性衰变的热能以及碰撞所释放的能量会导致星团熔化，让铁、镍等最重的元素沉淀，形成一个直径约为几十或几百千米的球状天体的内核。这个天体还会继续吸引尘埃和较大的碎片，使之形成一定数量的体积较小的原行星。原行星之间碰撞的频率会降低，但是冲量会变大。

太阳风 太阳的形成可能仅用了 1 万年的时间，它俘获了足够多的星际物质，达到了核聚变发生以及太阳发光所需的温度。因此年轻的太

44.2 亿年前	44.04 亿年前	42.8 亿年前	38.5 亿年前
"阿波罗号"带回的月岩样本中最早的矿物颗粒产生	地球上产生最早的矿物颗粒，水可能出现	地球上出现现存最早的岩石，可能诞生于加拿大哈德逊湾的深海热液喷口	格陵兰岛现存最早的沉积岩出现

恒星的炼金术

恒星都是核熔炉。它们就像氢弹一样，将宇宙中最多的元素（氢和氦）转变成重元素，并在此过程中释放出使自己发光的能量。普通恒星会产生碳、氮和氧等生命元素，以及其他构成地球的成分，如纳、钾、钙、铝和硅。恒星在逐渐消亡的过程中会向太空中释放这些元素。有些恒星释放出太多碳元素以致自己被烟灰云笼罩，最终形成铁元素。产生重元素所需要的能量比恒星释放的能量多得多。因此，当一颗大质量恒星的中心变成铁核时，核聚变就会停止。这时的恒星已经无法承受自身巨大的质量而发生坍缩，引发惊人的爆炸，使得恒星向四周喷散，产生丰富的重元素。铀元素正是这样产生的。

阳吹出一股强劲的粒子流，形成了太阳风。此后，太阳夺走地球早期大气层中的氢和氦，只留下比较"顽固"的岩石，而它继续吸积到的大量气体形成了木星和土星这两个巨大的气体行星。挥发性物质，如甲烷和水，则进一步凝结成外太阳系的冰态天体：冥王星之类的矮行星、覆冰卫星、柯伊伯带天体以及彗星。

一颗新的行星 年轻的地球继续生长。至此，其内部也许已经基本熔化，呈原始硅酸盐地幔包围铁核的状态。当它的质量增长到今天的40%后，在引力的作用下大气层得以存在，而地核所产生的磁场能够保护大气层免受太阳粒子的破坏。最初的大气可能主要是由氮、二氧化碳和水汽组成。

在稍后的篇章中我们将会了解到，吸积的过程将继续，最终在形成月球的大撞击下终止。随着地球慢慢冷却，液态水能够留存于地球表面。一些水汽可能是由地球本身的火山气体产生，但绝大多数可能是来自掉落于地球上的冰冷的彗星以及流星与小行星中的岩石物质。这种小规模的吸积过程直到今天仍在进行。如果你在晴朗的夜晚仰望星空，会看见流星划过天际。这些流星是坚硬的物质经过大气层燃烧最终抵达地球的微小颗粒。通常的流星只有沙粒大小，最大的流星不过如米粒一般，但是每一年它们累积起来的重量达 4 万 ~7 万吨。流星持续撞击地球的过程正是当初地球诞生的过程。

吸积产生行星

02 地球的同伴——月球

地球进化接近2000万年的时候经历了有史以来最严重的一次灾变。一颗和火星体积相当的行星以5万千米的时速冲向地球！这次冲击虽然熔化了地球，却也为我们带来了月球这个同伴，它使地球上的四季得以稳定，为生命的出现开辟了前路。

多年来，关于月球的起源一直有多种猜测。在板块漂移理论被人们接受之前，有人猜测月球是从今天太平洋所在位置的一处凸起处被甩出去的，还有些人认为月球是和地球一起因吸积而产生的，或是在别处形成，经过时被地球引力捕获的。但是这些理论都与我们所知的月球轨道不符。

地球的翻版　直到"阿波罗号"的宇航员登上月球并带回那里的岩石样本后，真相才逐渐浮出水面。月球岩石与地球上火山喷发的玄武岩以及地幔岩石的成分非常相似。地球和月球是由相同的物质组成的。

如今，在计算机仿真技术的帮助下，科学家已经非常肯定当时发生了什么。在地球前方或后方一个叫作拉格朗日点的位置形成了另一颗原行星，它到地球和太阳的距离相等。它是由太阳星云中的一系列相同物质构成的，这就能解释为什么它和地球有着相同的组成成分。在进化的过程中，这颗行星的轨道变得不稳定，并最终和地球相撞。这个天体被叫作"忒伊亚"，这是以古希腊神话中的一个提坦族人，即月亮女神塞

大事年表

45.27 亿年前	44.2 亿年前	43.6 亿年前
可能发生大撞击，从而形成月球	出现迄今所知月球上最早的矿物颗粒	出现迄今所知最早的月球岩石

勒涅的母亲的名字命名的。

宇宙大撞击　忒伊亚以每秒 16 千米的速度运行，它的身影在地球初生的天空中连续多日隐约可见，而且离地球越来越近。最终，这场撞击在瞬间爆发。短短几秒钟内，超音速风吹走地球的大气层，忒伊亚的地幔以及地球的部分地幔瞬间蒸发，被抛入太空。忒伊亚的大部分高密铁核环绕在地球周围，再次和地球相撞并熔入地球内核，其余的铁核拖着炽热的熔岩逃逸到太空中去。所有这一切都发生在一天之内。设想一下，我们如果在安全距离之外观看的话，一定会惊异于眼前的壮丽景观。

渐渐地，大多数物质落回地球，但仍有相当数量的物质残留在地球赤道附近的一个炽热环的轨道上。在冷却的过程中，它们凝结成粒子，经过数十年时间最终聚成月球。"阿波罗号"带回了月球的岩石样本，如果这些岩石是硅酸盐气体在真空环境下凝结的产物，就能解释其成分为什么令人惊讶了。

尤金·休梅克

尤金·休梅克（1928—1997）是月球地质学的先驱。他对美国亚利桑那州的陨石坑进行了研究，并借此证明月球上的大多数陨石坑并非火山爆发的产物，而是由撞击产生的。尤金·休梅克原本希望成为一名宇航员，但由于身体原因夙愿未了，然而他却在"阿波罗号"登月的选址和宇航员的培训中发挥了重要作用。1997 年他丧身于车祸，他的部分骨灰于 1999 年由"月球勘探者号"撒到了月球上。

41 亿～39 亿年前	36 亿年前	31 亿年前
与行星发生剧烈冲撞，月球上出现盆地	月核凝结，月球磁场消失	月球上的盆地发生最近一次的玄武岩大喷发

第二个月球 所有喷发物有可能聚集成不只一个月球。相关研究表明，同时期还在大约 1000 千米之外形成了另一个月球，绕地球运行几百万年之后，它才在一次相对温和的撞击中最终熔入我们今天的月球。如果这场撞击发生在今天的月球的背面，就能解释为什么该处的地壳比正面的厚了 50 千米，以及为什么月球正反两面的组成成分会有差异。

随着月球地壳慢慢凝固，一些元素随着熔岩物质留于地壳和地幔之间，其中包括了大量的钾、稀土元素和磷，形成了有名的富克里普矿物岩浆。我们的月球在将另一个小月球吸引到其背面时，可能将其自身的熔岩层挤向了正面，使得月球正面的克里普矿物元素特别丰富。

> **我突然大吃一惊，这个美丽的蔚蓝色小球竟是地球。我举起拇指，闭上一只眼睛，拇指刚好遮住了地球。我并没有感觉自己是个巨人，相反，却感到自己非常非常渺小。**
>
> ——尼尔·阿姆斯特朗

白昼短暂，夜晚壮观 忒伊亚急速与地球擦肩而过时会加速地球自转。在二者发生撞击之后，地球白昼的时间只有大约 5 个小时，自此以后稳步延长。新生的月亮与地球的距离太近了，从地球的角度看，其大小是现在的 15 倍——如果能站在地球炽热的火山地表上，你将会看到这一奇观。月球的潮汐效应也比今天强很多，尽管当时的地球上还没有可以感受它的海洋，但是地表之下蔓延着巨大的熔岩之海。也许每当月球经过地球上空时，火山活动就会加剧。

从那时起，随着潮汐耗费其轨道能量，月球逐渐远离地球。

经过几百万年的时间，潮汐力抓住月球，使得它的一面一直朝向地球。借助"阿波罗号"宇航员留在月球上的反射器进行的激光测量表明，如今月球正在以每年 3.8 厘米的速度远离地球。

破坏者兼守护者 在经历这场灾难性撞击之前，地球上可能已经出现了原始生命。果真如此的话，这些生命也在撞击中灰飞烟灭了，而且经过了相当长的一段时间之后，火山爆发和彗星冲击才重新塑造地球

水的勘测

阿波罗太空项目之后，月球探索中断了很长一段时间。但是近来，几艘无人飞船重返月球，它们的首要任务之一就是寻找水。"月球勘探者号"在月球两极探测到了大量的氢元素，所以水可能在月球背阳的陨石坑处以水冰的形态存在。2009 年，美国月球陨坑观测与传感卫星（LCROSS）撞击了月球南极附近的陨石坑，尽管没有达到预期的量，但还是产生了一股含 155 千克微晶体水冰的喷出物羽流。印度"月船一号"探测卫星利用雷达查明了月球北极附近地表下的冰。这些发现的重要性在于，它们能够为将来的太空任务补给火箭燃料，还有可能为开拓者提供水。

上的大气与海洋。但是重生的煎熬与延迟都是值得的。没有月球，我们不仅没有了潮汐，而且地球自转的轴也会变得不稳定——它可能会以不规律的节奏自转，可能会出现一极面向太阳、半个地球被黑暗笼罩的情况。而我们的夜空中最美丽的天体也会消失了。

行星大冲撞

03 地球炼狱

在诞生之初的7亿年间，地球不是一个宜居的星球。这一时期被称作冥古宙（Hadean），是以地狱之王哈迪斯的名字命名的。这是地球遭受小行星猛烈撞击、火山不断喷发的一段时期。有时，整个地球表面或局部会被熔融的岩浆覆盖，大气散尽，海洋蒸发。但是据我们所知，这就是世界的雏形。

月球简史 年轻的太阳系在大约40亿年前仍然是个危险的地方。随着较小的天体不断聚合，天体之间冲撞的频率降低了，但剧烈程度却加深了。这段时间被称为后期重轰炸期[1]，一直持续到38.5亿年前。地球表面早已经没有了当时行星冲撞的痕迹，但在月球上却依然清晰可见。

正是后期重轰炸造成了我们今天所看到的月球暗斑。它们就是月海，虽不曾有过船只行驶其上，但它们曾经是液态的——液态的熔岩。撞击引发玄武岩岩浆大喷发并流入广阔的月球盆地，从而形成了月海。因为有了它们，"阿波罗号"登月者们才有了相对平坦的着陆点。若以地球为参照标准，则宇航员从月球带回的岩石样本堪称古老，就连熔岩

---

[1] 又名月球灾难或晚期重轰炸，指在月球上形成大量撞击坑的事件，对地球、水星、金星及火星亦造成影响。——编者注

大事年表

44.5 亿年前	44.04 亿年前	42.8 亿年前
地球地壳开始凝固	最古老的岩粒出现	努夫亚吉图克绿岩可能成岩

流入月海形成的最新的月球岩石也有 31 亿年的历史了。这个既干燥又没有大气的月球表面上保留下来的宇宙特征，比地球上现存的任何特征都要古老得多。

　　古老的月表　月海周围以及月球背面的大部分苍白区域都是月球高地，是月球最古老的岩石所在，其年代比地球上任何古老的岩石都要久远。很多岩石在后来的冲击中破碎变质，但是其中保留下来的白色岩石区域是现存的月球原始地壳。"阿波罗 15 号"的宇航员发现了一块这样的岩石，并将它命名为"起源石"。它是一种斜长岩，可能是随着晶体在熔融的岩浆中形成的。它比我们预期的要年轻，仅有 41 亿年的历史。"阿波罗 16 号"带回了岩龄 43.6 亿年的样本，但是仍比预期中最古老的月球地壳要年轻得多。经测定，一种锆石晶体是月球上最古老的矿物岩粒，距今已有 44.2 亿年的历史。

最早的岩石

　　当冰雪融化流入加拿大魁北克北部哈德逊湾东岸的冻土带后，就能看见露出地表的岩层。有些岩层非常古老。加拿大麦吉尔大学的唐·弗朗西斯和乔纳森·奥尼尔希望能够找到和努夫亚吉图克绿岩带一样古老的 38 亿年前的岩层。但是美国卡内基研究所的科学家应用最新的年代测定技术，发现这里的岩石竟然有 48 亿年的历史了。这是迄今为止发现的最早的冥古宙岩石。大多数暴露出地表的岩层为变质的火山岩石，也有一些夹层含铁矿石，它们是在海底热液喷口附近产生的岩石，产生过程中需要有活的细菌存在。

40.31 亿年前
阿卡斯塔片麻岩成岩

38 亿年前
后期重轰炸期与冥古代

> " 在爱的驱动下，互相寻觅着的世界各个部分终将
> 成为一个整体。"

—— 德日进

火星大小的忒伊亚撞向年轻
的地球，岩石气化形成月球

来自太空的宝藏 尽管地球上因后期
重轰炸而产生的陨石坑早在很久以前就已
经消失，但是当时的化学特性留存了下来。
当地球分离出金属铁核时，很多高度溶于
铁的重金属元素也会随之分离，其中就有
金、铂和钨。钨常以两种同位素形式存在：
钨 -184 和钨 -182。地核在形成过程中几乎
夺走了地幔中全部的钨，而此后，仅有的
陆源则是由一种叫作铪的放射性元素衰变而
来，但是产生的仅仅是钨 -182。地球上最古
老的岩石均富含钨 -182，但是晚期岩石则含有
更多的钨 -184。这就说明，晚期岩石是后期重
轰炸期来自天际的陨石，所含的这些钨带来了我
们今天开采的金与铂。

最早的大陆

在加拿大北极地区的耶洛奈夫北部搭乘水上飞机，三小时后就能
到达一个叫作阿卡斯塔的地方。那里唯一的人迹就是地质学家存放工具
的小屋。小屋的门上赫然写着："阿卡斯塔市政大厅，始建于 40.3 亿年
前。"在测定出努夫亚吉图克绿岩的年代之前，这里被认为是地球上最古
老的地方。这里的岩石在大陆深处埋藏已久，已经因腐蚀而严重变质。

地球上最古老的物质 地球表面几乎没有留存冥古宙时期的任何痕迹，少量保存下来的岩石都已经面目全非，也就是说，已经发生了巨大的变化。一种叫作锆石的矿物质却是一个例外。尽管通常在沙粒般大小的微小晶体中发现锆石，但是它能够在周围不断熔化的岩石中保存下来，并完好地记录下它们最初形成的位置。迄今最古老的锆石发现于澳大利亚西部的杰克山地区，存于由沙粒和卵石组成的、有着 30 亿年历史的砾岩中，而这块晶体的内核有着 44 亿年的历史。此外，晶体中存在一定比例的氧同位素，表明在它形成的年代已经有液态水出现，这也就意味着，当时地球上至少有一些地区已经冷却至水能够凝结的温度。

后期重轰炸

04 年代测定之争

问及岩石或化石，人们首先会提出的一个问题便是："它有多少年历史了？"20世纪中叶之前，没有人能够肯定地回答这个问题。但现如今有了非常精密的技术，我们可以测定岩石的年代，乃至地球诞生的时间。

> **如果一个人拥有充足的时间，那么一切皆有可能发生。**
>
> ——希罗多德

《圣经》的年代 数百年来，人们一直试图确定地球的年龄，但在早期是通过神学途径而非科学手段。1654年，爱尔兰大主教詹姆斯·厄谢尔对《圣经》进行了详细分析（从先知的时代一直向前分析到亚当出现），在此基础上估算出一个地球年龄并公之于众。据他推算，创世开始于公元前4004年10月22日的下午6点！

科学猜想 到了19世纪中叶，地质学家和生物学家意识到地球完成所有的演化进程不止需要6000年的时间。一些学者对沉积岩随着流水沉淀的速度进行了观察，并据此估算出整个沉积岩层的年龄。其他一些学者则观测了海水的盐度以及盐分从河流流入海洋的速度。著名物理学家开尔文男爵认为地球在形成过程中是处于熔融状态的，并对其冷却速度进行了推算。他估算的地球年龄在2000万到4亿年，但最终将地球的形成时间定为9800万年，这一数值得到了广泛的认可。

常用于年代测定的同位素半衰期

碳 -14	铀 -235	铀 -238	钍 -232
5730 年	7.04 亿年	44.69 亿年	140.1 亿年

亚瑟·霍姆斯

在这场年代测定之争中，如果说有谁能称得上是赢家的话，那么此人便是亚瑟·霍姆斯（1890—1965）。在其他人相继放弃之后，亚瑟·霍姆斯依然坚持用放射性年代测定法进行研究。当时世人还不知道放射性元素的半衰期，没有发明质谱仪，也还没有认识到同位素差异的重要性。霍姆斯通过艰难的湿化学法来确定岩石中大量的微量元素。虽然他对主要地质年代的测定都很准确，也在 1913 年出版的《地球的年龄》一书中公布了他所估测的 16 亿年的地球年龄，但后来他还是借助陨石测定将这一数值先后修订为 35 亿年和 45 亿年——其研究至今依然具有价值。

放射性时钟 1902 年，欧内斯特·卢瑟福意识到放射性元素以恒定的速度衰变，因此能够被当作岩石定年的时钟。射线产生的 α 粒子是氦原子的原子核，卢瑟福由此猜测岩石中氦原子的含量能揭示岩石的年龄，但是更进一步的细节他就不得而知了，比如，他不知道氦原子有可能从岩石中逃走。而后，他将自己初步估计的地球年龄从 4 亿年提高到 50 亿年。

亚瑟·霍姆斯将放射性定年法变为精确的科学，他测量出放射性原子的半衰期（放射性元素半数原子核发生衰变所需要的时间）并确定了铀转变为铅的复杂衰变顺序。我们现在已知的铀有铀 -238 和铀 -235 两种同位素，它们分别衰变为铅 -206 和铅 -207，因此成为两种不同的年代记号。

钾 -40	铷 -87	钐 -147
13 亿年	488 亿年	1060 亿年

> **铀衰变为铅的过程异常复杂，其他研究人员因此放弃研究，但这却成就了这个 21 岁的研究生，让他有机会成为世界上通过精确、科学的手段测定地球形成年代的权威。**
>
> ——罗伯特·缪尔·伍德对亚瑟·霍姆斯的评价

原子重量的测量 亚瑟·霍姆斯历经数月才得出第一个年代估值。而今，岩石年代的测定只需要短短几分钟，这都要归功于一种叫作"质谱仪"的设备。将少量样本气化，让电子脱离原子，如此一来，不同质量的原子就会偏向不同的探测器。也就是说，每一个同位素的重量都经过测量了，甚至按照原子个数逐一清点。

年轮和碳 大约 6 万年前至今的考古学时间都可以通过碳 -14 来测量。这是宇宙射线作用于大气中的碳而产生的一种同位素。当成为动植物生命体的组成部分后，碳 -14 就停止产生并以 5730 年的半衰周期衰变。现代仪器能够测定 10 倍于半衰期的年代，若再向前推进的话则几乎没有可供测量的遗存。

然而宇宙射线的强度并非恒定不变。幸运的是，大自然用年轮为我们提供了校准图。树干中的每一圈生长纹都对应了一个特定的年份。利用年轮的重叠排序，树木的年代可以向前推进直至其沉入沼泽中的几千年前。每一道年轮都能通过碳来测量定年，而最终的曲线走势能够提供极其精确的校准碳定年。

沙粒中的永恒 如今，可供人类学家和地质学家使用的定年技术众多，其中有一项技术能够揭示沙粒被埋入地下的时间，这项技术叫作光释光法。自然界中的射线会破坏矿物颗粒的晶格，但是光却能对此进行修复，晶格会在修复的过程中以光的形式释放能量。因此，如果样本在被送入仪器接受激光照射之前一直处于黑暗之中，那么它所发出的光线有助于测出它被掩埋的时间。

山脉年代的测定 年代测定技术除了可以揭示岩石的年龄以外，还可以提供很多其他信息，如人类祖先史前迁徙、气候变迁以及海平面上

晶体中的线索

　　锆石（硅酸锆）是一种颇受人们喜爱的半宝石，但是对其更为青睐的要数研究古地球的地质学家。锆石的晶格可以轻易地锁住铀原子，但是对铅原子则不然。因此在熔融的岩浆中形成的这种晶体就已经设定好了放射性时钟的指针，而铀衰变产生的铅所提供的年代时间则惊人地准确。再者，锆石晶体一旦形成就会无比坚硬。当它们周围的岩石断裂、粉碎、掩埋甚至是再度熔化时，锆石依然保持不变。根据晶体的演化历程，锆石的不同部分能够提供不同的年代信息。经常用于锆石测量的质谱仪能够灵敏到从沙粒大的锆石中探测出多达 100 种不同的同位素。

升的时间等。例如，珊瑚在生长过程中会锁住溶于海水的铀，由于珊瑚主要生长于浅海区域，因此测出珊瑚的年代就可以得知海平面是在何时达到了当时的高度。

　　不同的矿物有着不同的结晶温度，所以岩石中的矿物颗粒能够告诉你岩石温度演化的历史。以喜马拉雅山的花岗岩锆石为例，它结晶的温度在 800℃以上，大约相当于地球 18 千米深处的温度。白云母结晶的温度略低，因此深度较浅。那么同一花岗岩中含有年代只相差 200 万年的两种矿石，就说明喜马拉雅山大约在 2000 万年前有过一次剧烈的上升。

放射性时钟

05 三颗行星的故事

作为太阳系从内到外的第三颗行星，我们的地球"不温不火"，是"刚好"适合生命体存在的星球。但是为什么太阳系中排名第二和第四的金星和火星不是这样的星球呢？金星和火星与地球之间为何会有如此之大的差异呢？我们能从其他两颗行星身上吸取教训吗？

其貌不扬的姐妹星 从地球上望去，以爱神之名命名的金星是一颗美丽的星辰。它绕日运行，黎明时分升起时被称为启明星，黄昏之后出现时则被唤做长庚星。然而实际上其原貌却并非如此，我们看到的其实是金星最外层类似于地球大气的高温高压的青色气体云层。这些气体云层是由硫酸液滴组成的，而在云层之下的 50 千米处则是千沟万壑的金星地表，其压强是地球表面的 90 倍，温度高得足以令铅熔化。

从很多方面来看，金星和地球形同姐妹。她们有着相同的大小和密度，产生时间也非常相近，甚至还有着相同的结构。但是不同的成长过程却令金星变成了双生子中"邪恶"的那位。如果聚集地球上所有的碳酸盐岩、碳酸钙岩和煤层，将它们气化后就能得到一个与金星类似的富二氧化碳大气层。高温导致蒸发，蒸发的水汽是一种强大的温室气体，它能够锁住更多的热量导致进一步蒸发。如果你打算在将地球稍稍拉近

大事年表

1960 年	1972 年	1975 年	1980 年和 1982 年
苏联首次尝试发射火星探测器，结果失败	美国的"水手 9 号"是第一个进入火星轨道的宇宙飞船	苏联的"金星 9 号"和"金星 10 号"拍摄了第一批金星表面的图片	美国的"海盗 1 号"和"海盗 2 号"最后从火星传回信号

太阳的同时保持气候的稳定，那么你会发现，除非海水蒸干，否则根本无法实现。这一幕很可能曾在金星上演。今天的金星，连大气中都几乎没有水，因为太阳辐射分离了大气中的氢和氧，结果氢离子向太空逃逸，而氧离子则和岩石发生了反应。

我们的一大疑惑是：地球会发生同样的情况吗？就目前而言，答案可能是否定的，尽管我们向大气中排放了大量的二氧化碳，但这种可能性依然不大。然而若是再过 10 亿年左右，随着太阳温度的升高，我们的子孙后代可能会面临真正的威胁。

无水的地质环境　从地质角度来看，金星与地球非常相似。就算没有海洋和植被，它还有火山、陨石坑、山脉、沟壑或断层。不过金星的断层和火山遍布各处，并没有沿着板块交界的沿线。陨石坑在金星表面的分布更为广泛、均匀，这说明整个金星地表的形成年代都大致为 6 亿年，比火星、月球、水星表面的形成时间都要晚。

寻找火星人的钻探试验

如果火星上仍有生命存在，那么极有可能会在地表下发现。那里或许会有细菌，借助水热系统的温度和硫化物的化学能量维持生存。因此，2005 年美国国家航空航天局的科学家在西班牙西南部的红河流域附近钻了一个地洞。红河不是一条普通的河流，它的名字暗示了河水中溶入了铁和其他矿物质。这些矿物质是由地表下的细菌在活动时释放的，使得河水变得酸性极强。这次钻探不仅是一次类比火星生命的尝试，而且项目测试中试用的远程钻探有朝一日将为寻找火星地下生命踪迹所用。

1990~1994 年	2003 年	2004 年	2006 年
美国的"麦哲伦号"通过雷达拍摄了金星地图	欧洲"火星快车号"进入火星轨道，但它的英国"小猎犬 2 号"登陆器后来失去了联系	美国的"勇气号"和"机遇号"登陆火星并持续探测	欧洲的"金星快车号"进入金星轨道

这一现象可以通过金星释放内部热能的过程加以解释。地球是通过板块构造来释放内部能量的。局部火山喷发创造出新的地壳，冷却的旧地壳则流回地层深处。地球板块构造的整个过程均在水的参与下完成。然而在无水的金星上，内部能量的释放不可能通过板块构造来实现。因此，当金星内部温度到达临界点时，火山就会在整个星球上同时喷发，而每 6 亿年一次的火山喷发会对金星大部分地表进行一次重塑。

临界物质 火星的体积是地球的一半，是月球的两倍。火星地表的引力只有地球的 1/3，它也没有强大的磁场来保护其外层大气免受太阳风带电粒子流的影响。因此，一些气体分子（主要为水汽）被分离并逐渐逃向太空。据估计，火星每一天流失到太空中的气体多达 100 吨，今天依然如故。

火星大气的压强非常低，以至于即便是在冰点以上，如今液态水只能在火星上海拔最低的山谷中找到。而在其他地方，冰可以不经融化直接汽化。没有了厚厚的二氧化碳气体的庇护，火星的温度常年处于冰点以下，通常为零下 60℃。

火星的河流 显然，火星并非一直是寒冷、干燥的。太空探测卫星详尽地拍下了大部分火星表面，清晰地揭示出火星上曾有河流的证据，但是大多数河流可能只存在于 30 亿年前。近期证据表明，那些河流可能是被水热活动局部加热的地下冰造成的短暂洪水。

但是，火星早期似乎有河流和湖泊，甚至是海洋。火星北半球的大部分地区海拔较低，而且与地球海底有着众多相似之处。因此我们不禁要问，水都到哪去了？其中大部分极有可能逃向了太空，但仍有相当一部分以冰的形式藏于地表之下。

> 66 我们都是宇宙的孩子。不仅是地球，火星或太阳系，所有璀璨的繁星都属于宇宙。我们对火星痴迷，仅仅是因为我们既好奇地球的过去，也忧心自己可能的将来。99
>
> ——雷·布拉德伯里，《火星与人类心智》，1973 年

火星人化石

1996 年，一颗陨石占据了全球媒体的头条，风靡一时。于 1984 年在南极洲发现的这颗陨石，其成分说明了它来自火星。微小裂隙中包含的碳酸盐说明了它是在 36 亿年前经水沉积而形成的。但是由于它们发现于地球之上，同时并存的化学痕迹也要归咎于地球生命体的作用。科学家甚至还称发现了细菌化石结构，尽管它们的体积是大多数地球细菌的 1/100。对于火星化石生命体的判断有待去火星实地考察，但是地球人的猎寻之路还在继续。

火星上有生命吗？ 今天的火星看上去没有生命存在，当然也没有聪明的、虎视眈眈的外星人。但是，这颗行星上尚有一丝出现绿意的可能。南极洲的干谷是地球上最接近火星环境的地区：常年冰冻，千百年来都没有降雨和降雪。但是在这里的一些岩石下方，空隙中生长着一层薄薄的绿色微型藻类。20 世纪 70 年代，美国国家航空航天局的"海盗号"火星登陆车曾传回一些模糊的数据，但经鉴定，不足以证明火星上存在生命，此后，研究也一直没有取得突破性进展。尽管如此，火星上的原始细菌或微型藻类依然有可能在它们能够存活的地方生长着。

宜居地

06 生机勃勃的星球

造访太阳系的外星来客应该能马上知道在哪儿可以见到这里的居民。地球除了发射无线电波以外，大气中的生命迹象也非常明显。地球大气的主要成分不是汽车尾气之类的二氧化碳，而是氧气、臭氧、微量甲烷和氨气这些只能由生命体产生的动态混合物。

行星的恒温器　在过去的 35 亿年间，地球表面的温度似乎一直维持在 10~30℃。然而在这段时期内，太阳对太阳系内有些行星的辐射量却增加了 1.5~3 倍。只要看看炽热的金星或寒冰的火星就能想象这一天壤之别的差异。而地球的恒温则要归功于细菌和微型藻类的活动。

从生命诞生之日起，有机体一直以给予它们温暖庇护的二氧化碳为食。地层中所包含的一层层厚厚的碳酸盐岩和碳酸钙岩就是有机生命体沉淀的早期大气化石。地球大气的成分可能曾一度与火星和金星的相同，二氧化碳含量高达 95%。但是，今天我们大气中的二氧化碳含量仅为 0.03%。

全球污染　地球上最早的细菌"居民"很可能就是今天生活在我们下水道里的那类生物——从化学腐质中摄取能量、在缺氧环境下生长的腐臭生物。但是随后生命体出现了一项伟大的创新，即光合作用。蓝藻细菌，或称为蓝绿藻，吸收太阳光能，并将其同二氧化碳和水结合，形成了它们身体复杂的化学结构。它们产生废气"氧"。因为对于同类的

大事年表

35 亿年前	28 亿年前	24.5 亿年前	24.5 亿 ~20 亿年前	8.5 亿年前
早期大气富含二氧化碳	蓝藻细菌开始释放氧气	大气中的游离氧聚集，二氧化碳浓度下降	冰河时期	大气氧含量开始升高

厌氧细菌来说氧气是一种有毒气体，所以氧气的排放对于当时的世界来说是最恶劣的污染事件。

在地球形成之初的 28 亿年间，海洋中的化学反应将氧气快速消耗殆尽，其产物之一就是前寒武纪[①]时期地球上广泛分布的条状铁层，这说明了地球是如何被氧化的。这些铁层的出现可能是因为微型藻类的繁殖出现周期性繁荣，从而使得大气中的氧含量提高，或者是因为上升流从缺氧的海底深处带来了更多溶铁。

生命体的呼吸　证据显示地球大气中出现游离氧的最早时间约是 24.5 亿年前。紧随其后是一段冰河时期，微型藻类的繁盛可能令地球大气中的二氧化碳含量稍有下降。此后一直到 8.5 亿年前，大气中的氧含量一直维持在 3% 或 4%，其后再度升高。这也许就是复杂的动物生命得以进化的原因。

我们是火星人吗？

　　较之地球，火星的体积更小，离太阳的距离更远，冷却速度也可能更快，因此它应当先于地球成为宜居星球。生命体可能最早起源于火星。我们知道流星能够从火星来到地球，而且在太阳系初期频繁到来，所以微小的细菌很有可能顺道而来，在年轻的地球上播下生命的种子。如此说来，我们地球人可能都是背井离乡的火星人！

[①] 也称前古生代，从 46 亿年前地球诞生一直到古生代的第一个纪——寒武纪之前的地质时代，距今约 6 亿年。——译者注

7.8 亿 ~6.6 亿年前	6.1 亿年前	3 亿年前	今天
冰河时期	最早的大型动物（埃迪卡拉动物群）出现	大气氧含量为 35%，达到峰值	大气二氧化碳含量处于峰值，达到 80 多万年来的最高水平

> 66 让人叹为观止的是，从月球上远眺，地球是一个生机勃勃的星球。照片的前景中出现干燥、破碎的月球表面，如同经年的骸骨般死寂。而漂浮在那温润、湛蓝的大气下的是正在徐徐升起的地球，太阳系中唯一生机勃勃的行星。99
>
> —— 刘易斯·托马斯，《细胞生命的礼赞：一个生物学观察者的手记》

在过去的 5.4 亿年间，大多数时间里地球大气中约有 21% 的氧气，这是一个足以让大型动物繁衍、森林大火不至于失控爆发的适中的量。然而 3 亿年前石炭纪①后期却出现了一次例外，大气中的氧含量达到了 35%。此时厚厚的煤层开始沉淀。氧含量的升高还使得昆虫和两栖动物体型增大，产生了翼幅宽达 30 厘米的巨型蜻蜓。

盖亚假说 氧气和二氧化碳似乎只是生命体控制地球的要素之一。独立科学家詹姆斯·洛夫洛克与微生物学家林恩·马古利斯共同提出了"盖亚假说"，指出地球的自反馈机制为生命提供了一个宜居的栖息地。尽管这一理论以大地女神之名命名，但并不涉及外部或人为的控制，仅仅是一套自反馈机制。除了氧气和二氧化碳之外，诸如大气中的甲烷和氨气的含量、海水的酸度与盐度等要素也都保持着惊人的恒定值。生命体甚至还通过向大气中排放二甲基硫控制云量或降雨，氧化后的二甲基硫形成微观粒子，成为云层中水滴的内核。

毁灭者盖亚 盖亚假说认为，我们的地球是一个独立的超级生命有机体，尽管该假说中已经有好几个预测得到了证实，但它仍存在争议。这一理论仅是借名于大地女神而没有沿袭她的天性，因为在神话中，盖亚吃掉了自己的孩子。那么这个自我调节机制与人类会产生怎样的相互

---

① 古生代的第五个纪，距今约 3.55 亿年至 2.95 亿年的地质时期。石炭纪时的气候温暖、湿润，大陆面积不断增加，陆地生物空前发展，还出现了大规模的森林。——译者注

詹姆斯·洛夫洛克

詹姆斯·洛夫洛克生于1919年。最开始从事医学研究，而后成为美国国家航空航天局行星大气成分探测仪器顾问，他一直不是传统意义上的科学家。1964年起，詹姆斯·洛夫洛克就开始以独立科学家和发明家的身份从事科研工作。他因发明电子俘获仪而闻名，在探测研究地球上广泛的污染的影响上，该仪器发挥着关键性作用。他是盖亚假说最早的发起者，而他的朋友、作家威廉·戈尔丁用大地女神之名为该理论命名。盖亚假说指出生命体会自发地调整地球大气与气候，这是一种在人类贸然介入之前的生态平衡模式。

作用呢？显然，我们人类正在对地球进行大规模改造，砍伐森林，改变土地使用类型，破坏栖息地和生物多样性，排放污染物和空前大量的二氧化碳。气候模型显示地球正在接近一个临界点，内平衡将会重新建立起一个与现在不同的、温度更高的世界。洛夫洛克却乐观地表示，地球会通过内平衡这种重新调整的方式来控制人口数量。海平面将可能上升，广阔的耕地可能会变成干旱的荒漠。洛夫洛克悲观地预测，下个世纪世界人口数量将会大大减少，但无论如何，地球都将继续保持自身活动。

自我调节、
生机勃勃的地球

07 地心游记

　　1864年，儒勒·凡尔纳出版他的科幻游记时，人们对地球内部几乎一无所知。地质学是一门新兴的科学。此时，查尔斯·达尔文的进化论著作刚刚出版，世界各地的博物馆刚刚开始展出第一批恐龙化石。然而，今天的我们不再依靠地下隧道实现科幻之旅，有了现代的仪器设备，我们可以进行仿真模拟。

　　在你所在位置之下几千米的深处，有一个人类尚未企及、或许永远也不会到达的地方。如果以水平距离来看，几公里的路程开车花不了多少工夫，但是向下深入地层的旅行却面临着种种无法逾越的困难。1960 年 1 月 23 日，雅克·皮卡德和海军中尉唐·沃尔什乘坐"的里雅斯特号"深海潜艇，在太平洋关岛附近的马里亚纳海沟潜入了"挑战者深渊"（Challenger Deep），这是人类目前所能到达的地球最深处。他们潜入海底约 10 911 米，在那里看到了一种比目鱼。

　　深入地心　深达 3900 米的南非陶托那金矿是地球上最深的作业矿。在如此深度下，如果没有降温设备，温度将会高达 60℃左右。而俄罗斯的科拉半岛则有着地球上最深的钻井，它在 1989 年时已经深达 12 262 米，但是后来挖掘接近半固体岩石，高温和高压使得钻洞无法继续往下深入。

地层深度

0 千米	-38 千米	-100 千米	-670 千米
地表	地壳底层的平均深度	岩石圈底部的平均深度	上地幔层底部的深度

地球内部的生命体

生命体的足迹遍布地表与海洋，而且并没有止步于此。深海科考船在钻探沉积岩心时发现这里充满了生命。细菌是这里的居民，它们主要为原始的古生菌。其祖先很可能在数百万年前被埋于海底，但是靠着一起被掩埋的或从地下水中的沉积物中渗透出来的有机物与甲烷，它们在沉积岩心里缓慢地繁衍生息着。这些古生菌出现在5千米以下的地层深处，可能已经在这里埋藏了1600万年之久。它们累计至少占地球生物量的20%，甚至有人估计其生物量可能超过地球总量的一半。

我们仍有可能从地壳一直钻探至地幔，但不是在陆地上实现。海洋地壳的平均厚度仅有7千米。20世纪60年代早期，一项雄心勃勃的计划欲钻透海洋地壳，到达地壳与地幔交界处的莫霍面。但是由于经费落实不到位，加之当时的技术水平无法达到作业要求，这项计划中途夭折。然而，当有了今天最先进的日本科考钻探船"地球号"后，类似的计划又再度被提起。"地球号"采用竖管钻探技术，通过一个同轴外部管道抽空压出的钻井泥浆。这项技术在石油行业中用于防止原油管道爆裂，现在也能用于深海钻探。

行星颅相学　如果将地球缩小，它将状似光滑的球体。如果让地球与课桌一般大小，那么喜马拉雅山脉的起伏将比平均地面高出不到1毫米。地球的内部模型亦是如此。地壳、岩石圈、上地幔、下地幔、外核和内核就像一层一层的洋葱，光滑均匀。但是地球和洋葱的相似度只有99.9%，余下的那0.1%的差别就是地球物理即将揭晓的最有趣的现象，即地球内部活动的线索。

-2891千米　　　　　-5150千米　　　　　-6371千米
下地幔层底部的深度　　熔融的外核底部的深度　　地心深度

莫霍面

1909 年，克罗地亚地球物理学家安德里亚·莫霍洛维奇正在研究天然地震波在地层中如何折射。他发现，大约在板块下方 35 千米深处，地震波速度骤然发生巨大的改变。以此为界向上纵波的传播速度约为每秒 6 千米～7 千米，向下则为每秒 8 千米左右。此处即为后来被称为"莫霍洛维奇不连续面"的地层，简称莫霍面，是地壳和地幔之间的分界。

> **我真的要相信他打算穿透巨大的地球前往地心深处吗？我听到的是怪人的狂想，还是高人的推测？他的话哪句是真，哪句是假？**
>
> ——儒勒·凡尔纳，《地心游记》

宇航员说，从太空中看去，地球是一个非常完美的球体。但事实上，地球并不是一个正球体。以地心为测量起点，你认为地表最高点在哪？珠穆朗玛峰？不是，是位于厄瓜多尔的钦博拉索火山，尽管它的海拔仅有 6275 米。这里接近赤道，自转让地球在赤道处微微凸起。大气随着地球自转而运动，因此我们不会察觉地球自转的速度。但如果你身处赤道，你会因地球的自转而仅以每小时 1670 多千米的速度向东运动。

从太空中感受地球的隆起 2009 年 3 月，欧洲空间局发射了重力场和稳态海洋环流探测卫星"海洋探索者号"（GOCE），它对地球引力场进行了前所未有的精确测量。在近地轨道上，它能够高度敏锐地探知地球的引力。引力微小的提高能够造成"海洋探索者号"轻微的提速；反之，则会减速。而有了原子钟，人们就可以测量微小引力差异和绘制迄今为止最为准确的引力地图。原子钟揭示了"大地水准面"的真实面目——在没有潮汐与洋流情况下的假想的全球海洋的形状。大地水准面是精确测量可能受气候变化影响的海洋环流、海平面变化以及冰川动态的重要参考。基于这一数据而建立的一个夸大模型让我们的地球看起来像一个在印度尼西亚与欧洲西北部微隆、在印度洋处浅凹的不规则的土豆。最为引人注目的是印度南部，这是由最近一次的次大陆漂移而形成的区域。此处引力呈显著下凹，这就意味着这里的海平面低于平均水平 100 米。

在接下来的章节中，我们将了解到地球的这种块状、隆起及不规则现象从地表一直延伸到地核，我们还将学习关于地球内部运动的新认识。

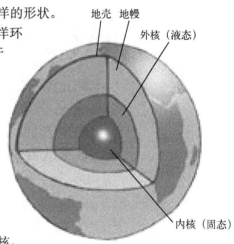

地壳 地幔
外核（液态）
内核（固态）

地球由薄薄的大陆外壳、厚厚的地幔层以及内外核组成。地球近似洋葱，但每一层并不是光滑的表面

洋葱一样的地球

08　从内部看地球

　　我们也许无法直接拿出地球内部的样本，但肯定能够一探究竟。光无法穿透地球，但地震时产生的地震波却可以。地震波会在地球的内部地层上发生反射，经过不同成分的岩石时会发生折射，就如同光会在镜面上发生反射、会通过透镜发生折射一样。

　　研究地震波比丢石子入池塘观察泛起的涟漪要复杂很多。地震波有三种类型，它们传播的速度不同，到达震中的时间也不同。首先到达震中的是 P 波，P 意指主要（Primary）或压力（Pressure）。其次到达的是 S 波，S 意指次要（Secondary）或剪刀（Shear），它的传播速度只有纵波的 60%。最后到达的是面波，其传播速度介于前二者之间，但是还会在地球表面传播。鉴于面波是在平面上而非空间中传播，它们消退得更加缓慢，能够在地球表面环绕好几圈。反射后的 P 波和 S 波与面波交叉，说明面波也能传递出地球内部的信息。

　　瞄准海底　探索地层深处需要地震波。地震波可以通过像地震或地下核试验这样的大爆炸产生。要想研究地壳中较浅的沉积层，你可以自己制造出一场爆炸——拖一支大型喷涂枪去海边，以一定的节奏进行喷射。反射波会被听水器的拖曳列阵收集，它们能够反映出古老的岩浆流、沉积岩层以及蕴藏石油和天然气的穹状构造。如果是考察只有几百米深的软沉积物层，则无须制造爆炸，运用声呐定位扫描足矣。

地层深度

0 千米	-38 千米	-670 千米
地表；温度 20℃；压强 1 帕	地壳底层的平均深度；500~900℃；1200 帕	上地幔层底部；2300℃；22.7 万帕

地壳之下

莫霍洛维奇不连续面标示了地层成分的变化。当炽热的地幔岩石熔化后，仅有一小部分物质会产生火山喷发的熔岩，或凝固成大陆的底部，产生新的地壳。留在地幔顶部的是由深绿色的橄榄石与其他致密矿物组成的橄榄岩，而在橄榄岩上部的地壳地层则是由颜色和密度都较浅的岩石组成的。就海洋地壳而言，此处主要是一种叫作"辉长岩"的岩石，成分与玄武岩相近，但由于冷却过程更为缓慢，呈现出粗糙的晶体结构。

冲压地面　在陆地上，地震剖面的研究能够借助重型卡车完成。重型卡车的底部装有重金属底盘，它们会在液压油缸的带动下上下起伏振动。这种底盘的好处在于，除了不会对地面造成毁坏，其振动的周期和频率都易于控制，经过调试能够用于收集不同深度地层的不同特点。在这种情况下，反射波会被听地器上的列阵记录下来。北美洲大陆的立体剖面图就是利用这种技术绘制而成的。

> **从前，人们认为这是一个荒诞的想法。我希望我已经将他们的看法从'荒诞'降低为'不太可能'。**
> ——大卫·史蒂文森，写于他的地核探测器发射计划书中

地球全身扫描　每一天，都会发生很多小型地震。当今全球很多灵敏的地震仪都对这些地震活动进行了记录。地震仪监测的结果与医院的全身扫描非常相似。在医院，多传感器记录下 X 射线环绕全身后反馈的信号，经过复杂的数学演算就能得到人体内部器官的 3D 成像，我们这里所说的地震监测也是如此。

−2891 千米　下地幔层底部；2700~3700℃；140 万帕

−5150 千米　熔融的外核底部；约 5000℃；340 万帕

−6371 千米　地心；约 5500℃；360 万帕

真正的地心游记

好莱坞电影《地心末日》（2003 年）中的假象是不可能实现的。地球深处的压强会摧毁我们所能想象出的任何载人探测器。但是美国加州理工学院的大卫·史蒂文森教授提出一种将仪器送到地心的假想，尽管不太可能实现。这一想法首先需要地壳中有一个很深的裂缝，然后向其灌入 10 万吨熔铁。大卫·史蒂文森教授认为，经过一两周时间，熔铁重液将会自己辟出一条穿越地幔的通道，如果重液中携带葡萄柚大小的小型耐热仪器，它们能够借助地震波不断向地面传回信息，直到抵达地球外核最终熔化。

我们前面已经看到，位于地壳底层的莫霍面是一个强大的反射面。因为它是岩石圈底部的圈层，在这里，岩石转化为温度更高、硬度更低、地壳板块漂浮在其上的软流层。

反射地震波能力较弱的是 410 千米与 520 千米深处的地层，而反射能力较强的地层则介于上、下地幔之间。地幔底部是 D" 层，可能又是一个薄薄的、不连续的地层，这里也许是古代海洋地壳的所在之处。

软岩石，地热岩 地震层析成像不仅能揭示出分明的岩层分布，而且还能反映温度，因为地震波在软岩石中的传播速度要比在硬岩石中慢得多。如此一来，我们就有可能在夏威夷、冰岛之类的火山圣地观察炽热、黏稠的熔岩从地幔深处上涌，形成

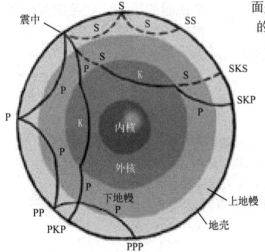

地震波的主要类型和它们穿透地层的不同路径所揭示出的地层内部信息

P：在地幔中的 P 波；
S：在地幔中的 S 波；
K：在外核中的 P 波；

地幔柱。地震层析成像还能显示古老的、冷却的海洋板块俯冲到地幔之下的情况。

液态内核 P波既可以穿过固态物质也可以穿过液态物质，但在偏软的物质中传播得更慢；S波则无法穿过液体。在一场大地震之后，地面下方有一处接收不到横波的阴影。地球物理学家由此得知，地层深处中定有一个熔融的液态内核，从它的密度上来看，极有可能为熔融的铁浆。而加速穿过的P波表明，此处有一个小的固态铁内核。

地球全身扫描

09 磁核

地球内核的体积与火星相同，但质量却是其3倍。地球的外核是白热的熔铁，充满了湍流和涡流，风暴狂作。外核之下则是水晶森林般的内核。然而正是地核的内部运动孕育了生命，并且保护我们免受太空射线的危害。

来自太空的线索　铁陨石最不常见，却是最容易辨认的外太空岩石。它主要由铁金属构成，但通常含有 7%~15% 的镍。镍往往以内部结晶的形式存在于两种合金之中，其中一种合金含有 5% 的镍，另一种大约含 40% 的镍，相应地构成了铁陨石的组成成分。长期以来，铁陨石都被视为地球内核的样本。它曾一度被认为与原始行星爆炸而形成的小行星带有着密切的渊源。但显而易见的是，来自小行星的铁陨石在形成时所承受的压力要比在地球内核时小得多。

关于地球内核成分更可靠的说法应该是碳粒陨石。碳粒陨石是太阳系中最古老的天体，最有可能体现陨石的主要成分。它们包含了富碳矩阵结构的硅酸盐矿物质，铁元素含量占 30%~40%，其中有些是金属铁，有些则是氧化铁和硫化铁。而且在这种陨石中，铁元素也会和镍元素相生相伴。

根据测量到的密度推测，铁镍合金不是地心的唯一成分。一定还有 8%~12% 的原子量较小的元素，而氧和硫的可能性最大，因为它们极易与铁结合。

大事年表

1687 年	1905 年	1926 年
牛顿通过引力说明地球必定有一个致密内核	爱因斯坦描述了磁场的起源这一物理学重大难题	哈罗德·杰弗里士爵士运用地震波说明外核为液态

磁力保护伞

对于行星来说，太空暗藏各种危机——地球遭受宇宙射线和太阳风带电粒子流的频频光顾。我们的电子产品没有短路，我们自己也没有发生基因突变，这都得益于磁场，它为绕日运行的地球撑开了巨大的保护伞。少量带电粒子被范艾伦辐射带捕获，其他粒子则沿着磁场线流向极区形成南北极地区的极光，但大多偏转经过我们的粒子对人体没有危害。

热能源头 巨大的热能是产生地球液态外核对流与固态地幔对流的动力之源。从古至今，地球损失的总热量约为 44.2 太瓦，相当于人类每小时能源消耗总量的两倍。热能有几种可能的来源。钾-40、钍和铀等放射性元素衰变产生的热能约占 80%，这主要是内核在冷却过程中释放出来的潜热。此外，随着纯结晶在内核中的生长，液化后的原子量较小的硅、硫和氧等元素会析出，并在上升到地幔底部时释放出引力能。

磁场发电机 1905 年，阿尔伯特·爱因斯坦称地球磁场的起源是物理学几大未解谜团之一。直到 1946 年前后，在美国工作的德裔物理学家沃尔特·埃尔萨瑟与英国剑桥大学地球物理学家爱德华·布拉德爵士提出，磁场是由液态地球外核中的电流产生的。为了维持磁场的存在，熔铁本身必须要在对流中循环运动。地球自转产生的科里奥利效应使得那些电流回旋产生磁力。

混乱的对流 对于使用指南针航行的人来说，地球磁场似乎是恒定不变的，仿佛世界的中心有一根巨大的磁条。但事实上，地核内部

> **我想象不出还有什么地方比这里更加不适宜人类居住。这里高压高温，简直糟透了。**
> ——马里兰大学丹·莱思罗普教授

1936 年	1946 年	2010 年
丹麦地球物理学家英格·莱曼运用地震波说明了内核肯定为固态	埃尔萨瑟和布拉德皆称磁场是由外核电流产生的	计算机和物理模型运用熔融的钠模拟磁场反向

并非如此。接近 4000℃ 的地核处的压力是地表的 300 万倍，在这里铁以熔融的液态形式运动。类似于暴风形式的涡流令外核的对流运动变得复杂。但是，大多数狂躁的对流在内核的作用下得以抑制，地幔底部的 D" 层所捕获的铁离子可能起到了屏蔽的作用，但仍有个别异常的磁场逃离了地核。

磁场异常 西南大西洋被宇宙空间科学家比作"百慕大三角洲"。卫星掠过该区域时屡屡出现仪表失灵现象。此处似乎有一个巨大的异常磁场向西缓慢漂移，其强度仅为两极的一半。因此，来自太空的带电粒子能够到达卫星的近地轨道，造成故障。

极地逆转 西南大西洋的磁场异常可能只是地球磁场更大异动的前兆。在过去的 180 年间，地球磁场强度一直在减弱，而且很有可能发生完全逆转。磁化的火山岩石显示，以往的地质年代中也曾多次发生过此类现象——平均每 30 万年一次。但距最近一次极地完全逆转已经过去了 80 万年，无人知晓地球磁场会在何时突然发生变化，也不知道届时人类的防磁装置和导航系统会遭受何种影响。

水晶森林 地心深处有着奇异的活动。地震横波沿东西方向的传播速度要比沿南北方向时稍慢。这种现象在地震后出现环状谐和振动时表现得尤为明显，被称作"各向异性"。对此的最佳解释是，地球的内

磁场的未来

根据我们对地球磁场现有的了解，磁场的存在离不开固态内核，因此它的形成时间不会比地核早。但是在澳大利亚发现的岩石表明，它们是在 35 亿年前被磁场磁化的，所以地球内核一定是在此时形成的。整个地核最终会冷却，磁场也会随之消失，而没有磁场保护的人类子孙将难逃宇宙射线的侵害。然而，我们担心的这种情况在 30 亿~40 亿年后才可能发生。

核是一个透明的晶状结构，晶体的排列方式为南北走向。金刚石压腔（diamond anvil）实验表明，在与地球内核同等压力的条件下能够产生较大的铁镍合金晶体，据此推测内核可能是由数千米长的相互连接的晶体组成的。

各向异性方向的缓慢变化表明，在过去 30 年间，内核旋转的速度比地球整体旋转的速度快十分之一。外核对流可能正在对地核造成类似于大气急流的磁引力。

涌动的地核是磁场发电机

10　流动的地幔

地球的地幔是固态岩石，处于高温高压的状态之下。经过漫长的地质年代，地幔能够像冰河中的坚冰一样流动。地层深处释放出来的能量能够产生类似稠粥在锅中滚动的对流。这种对流就是造成地震、火山爆发和大陆漂移的力量。

地球如何保持自我恒温是一个问题，或者说，如果地幔是完全坚硬的物质的话，地球将面临这一问题。放射性衰变产生的多余热量需要释放，但岩石却是很好的绝缘体。所幸，地幔的岩石可以缓慢移动，将热量传递到地壳乃至地表，起到了调控地球温度的作用。温度和压力一直相互作用。地幔深处的岩石在高温下膨胀，密度逐渐减小，经过数百万年后便开始上升。

双层热对流　地球物理中的一大问题就是地球如何自行调节地幔对流的循环，因为从横波的传播中我们知道了地幔成分和结构的差异。结果，有人认为地幔整体有一个循环体系，有人则认为地幔是一个双层热对流体系，两层之间没有能量交换，或只有在上下地幔交界的 660 千米深处有微小交换。真实情况可能是这两种观点的结合。

下地幔的岩石本身不会出现在上地幔层，但有两种例外情况，一是小型岩块随着地幔柱上升形成火山，一是较大的岩块断裂插入上地幔

大事年表　经过了 10 亿年的地幔对流循环

2 亿年前	1 千年前	今天
炽热的岩石开始从地幔底部涌动	在 120 千米深处岩石开始熔化，熔融物质加速涌起	岩浆从大洋中脊喷发，形成新的海洋地壳

金刚石压腔

　　深层地幔的压力和温度高到无法想象，也难以模拟。解决的途径就是运用人类已知最坚硬的物质——金刚石。金刚石压腔价格不菲，却具有体积小、结构简单的优点。它的中心有两枚切割过的金刚石，这两枚金刚石将压力集中在一个极小的矿物样本上，将样本夹在两个微小金刚石切面之间。此外，由于金刚石的透明度极高，激光可透过金刚石对样本进行加热，显微镜也能够对正在进行的步骤进行观察。金刚石偶尔会出现破裂的情况，但是破裂往往发生在矿物样本转变为地幔中常见的密度更高的物质形态的阶段。

层。地幔是由一种叫作"橄榄岩"的岩石组成的。这种岩石包含了深绿色的橄榄石和其他矿物质，看上去就像凝固了的绿色德麦拉拉蔗糖（Demerara sugar）。为了掌握地幔的分层结构，科学家将细小的橄榄岩样本放入了一个金刚石压腔进行实验（见"金刚石压腔"）。

　　相变　增加金刚石压腔内的压力和温度，模拟出上下地幔交界处的环境，一段时间后，有东西会突然"破裂"！结果，破裂的不是金刚石压腔，而是橄榄岩中的矿物质发生了突然的相变，形成了更高密度的晶体结构。虽然成分没有发生改变，但是却变成了一种名为"钙钛矿"的新矿物质。这种位于上地幔底部的岩石有着截然不同的物理属性，反射横波的效果明显。此外，大约在 410 千米和 520 千米深处发生的矿物质相变也分别对应了不同的反射层。

1.4 亿年后	2 亿年后	5 亿年后
已经冷却的海洋岩石圈板块开始向地幔下沉	板块到达 660 千米深处的地层稍作停留，等待矿物晶体结构转变为高密度物质	高密度的板块穿过下地幔层，迅速沉向地核与地幔的交界

> ❝当今最大的争议是地幔流的本质。地幔流是一个从四面八方向地核单向流动的结构，还是一个双层体系，大洋中脊处的物质不会下沉至 700 千米以下？❞
>
> ——丹·麦肯齐教授，英国广播公司电台，1991 年

热点　海洋火山（如大西洋中脊处的那些）喷发出的岩浆和它初始的地幔岩石在成分上有着明显的不同。受热岩石在地幔柱的上升过程中，随着压力的减小而逐渐熔化，但是真正被熔化的只有 10%~12% 的岩石。接近地表的岩浆库时，地幔岩石中能够过滤出石砾，就像从海绵中挤出水一样。熔化的岩石的成分为玄武岩，它构成了新的海洋地壳。剩下的岩石较为坚硬，移向两边，成为新地壳下方的地幔岩石圈。

湿点　总体说来，地幔柱的温度越高，产生的岩浆就越多，但也有例外。例如形成亚速尔群岛的那部分大西洋中脊所产生的岩浆多于周边，但这里的温度更低，原因是这里的湿度更高。地幔中矿物质的晶体结构至少有 1% 的蓄水空间，整个地幔的蓄水总量有可能相当于好几个海洋。水分降低了岩浆的黏性，因此在地幔柱上升过程中起到了润滑的作用，使得岩石在底层较深的位置就开始熔化，即便是温度更低也能产生更多的岩浆。有些水分是地幔形成过程中留下的，有些可能是古老的海洋岩石圈下沉时带到地幔中去的。

地幔底部的沉淀物　横波反射说明地幔的底部是一个高度变化的薄层。它在有些地方厚度达 400 千米，

是地幔的岩石环绕在一个双层对流体系（虚线处）周围，还是对流贯穿了整个地幔？

火山

上地幔

下地幔

地幔柱

地核

而在另一些地方却完全消失。人们称之为 D" 层。地幔与外核之间的界限既不分明，也不平均。来自地核的熔态金属在毛细力的作用下被拉入地幔矿物岩粒的气孔中，与硅酸盐岩石反应形成各种合金。在地幔上升的过程中，这些合金会在引力的作用下再次沉入地幔底部，形成高密度物质。由于富含铁，它们具有传导性并产生自己的磁场。D" 层的磁场作用可能是在地球自转中探测到轻微晃动的原因。

不可能发生的地震

1994 年，一场强烈的地震撼动了玻利维亚。由于地震发生在地层深处，所以几乎没有造成什么损伤。它发生在 640 千米这一本不会发生地震的深度。这里的岩石硬度低，不足以发生断裂。对这次地震的解释是，这里的岩石并没有断裂，而是收缩了！震中位于正在沉入安第斯山脉下地幔的古老的太平洋岩石圈板块。当该板块到达地震所发生的深度，遇到低密度的橄榄岩时便无法继续下沉。此时，突然的爆裂让岩石圈板块的晶体结构重新组成密度更高的钙钛矿，引发震动并使得岩石板块继续沉入下地幔。

地幔对流

11 超级地幔柱

关于整个地幔循环的范围目前仍然没有统一的说法。有些活跃的火山可能仅发源于上地幔层，但偶尔会有大规模的火山爆发来自地核和地幔交界处，牵动有时甚至还会撕裂整个大陆，涌出的熔岩数量之大令人难以想象。这就是超级地幔柱。

大约 1.2 亿年前，今天西太平洋所在的位置发生了重大的地质活动。规模大、能量强一直是火山活动的特点，但是，如今没有哪座火山可以企及白垩纪早期火山的活跃程度。与之相比，就连 6500 万年前割裂印度次大陆、产生德干岩、可能造成恐龙灭绝的高原玄武岩洪流也相形见绌。

翁通爪哇海台 白垩纪火山喷发大约开始于 1.25 亿年前的海底。在其高峰时期，每百万年就能产生约 3500 万立方千米的玄武岩，其速度是海洋地壳正常产生速度的两倍。白垩纪火山喷发的产物就是翁通爪哇海台，它在海底绵延 200 万平方千米，厚达 30 千米。如今与之相隔甚远的马尼希基和希古朗基海台也曾是这场喷发的组成部分。翁通爪哇海台、马尼希基海台和希古朗基海台都是约 1 亿立方千米玄武岩熔岩的产物。

对此的最佳解释是，一个充满熔岩的超级地幔柱从地幔底部升起，在岩石圈下喷发出巨大的蘑菇云，同时点燃诸多不同火山的热点。

大事年表 超级地幔柱喷发 玄武岩喷出量（单位：立方千米）

2.51 亿年前	2 亿年前	1.83 亿年前	1.38 亿~1.28 亿年前
西伯利亚暗色岩（俄罗斯）：100 万~400 万立方千米	中大西洋：正值海洋开始扩张的大型喷发	卡鲁地台和费拉尔地台（南非/南极洲）：250 万立方千米	巴拉那暗色岩（巴西）：230 万立方千米

罗杰·拉森

美国地球物理学家罗杰·拉森（1943—2006）是海洋钻探的先驱之一。他一直在西太平洋探寻最古老的侏罗纪海洋地壳，最后终于在翁通爪哇海台延伸的巨大的白垩纪玄武石流之下找到。在估算了约 1.2 亿年前的岩石喷发量后，罗杰·拉森认识到这次喷发超出了人们原来的认识范围。于是他将地幔喷涌岩石的活动命名为"超级地幔柱"，而且进一步证明它如何抬升海平面，并产生足够的二氧化碳使气温上升好几度。

全球性产物 有一些白垩纪超级地幔柱的产物仍然可见于地表，其一就是全球海平面的显著提升——约 250 米！原因之一就是喷发出来的大量玄武岩发生了位移，另一个原因可能是超级地幔柱的喷发造成了上方区域的抬升。这一过程也令更多大陆低洼地带变成了浅海。和深海不同，浅海因为深度不够，压力不足以溶解浮游生物沉入水中的方解石骨骼，因此厚厚的石灰岩累积了下来，形成了包括英国多佛白崖在内的特色岩石类型。有机碳在缺氧的水环境中积存了下来，经过掩埋最终形成今天 50% 以上的石油储备。

现今，在白垩纪岩中发现的多数碳和石油都有可能是超级地幔柱喷发的产物。大气中二氧化碳的含量可能增加了 9 倍，导致温度上升了约 10℃。讽刺的是，人类燃烧产生于白垩纪时期的石油可能会再次导致出现当时的气候条件。

下一次超级地幔柱 白垩纪之后就再也没有产生相同规模的超级地幔柱了，它还有可能再出现吗？极有可能。人们进行地震全方位扫描

1.25 亿~1.2 亿年前	1.39 亿年前	6500 万年前	6100 万和 5600 万年前	1700 万~1400 万年前
翁通爪哇海台：1 亿立方千米	加勒比火成岩区：400 万立方千米	德干暗色岩（印度）：51.2 万立方千米	北大西洋：200 万立方千米	哥伦比亚河/斯内克河玄武岩（美国）：17.5 万立方千米

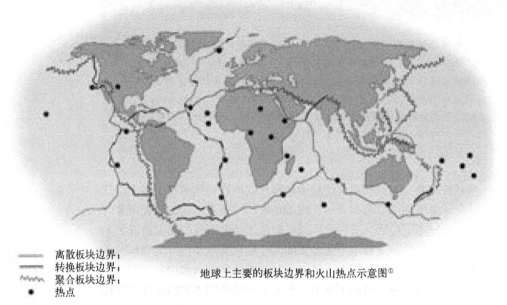

离散板块边界；
转换板块边界；
聚合板块边界；
● 热点

地球上主要的板块边界和火山热点示意图①

金色的糖浆

在课堂上讲述地幔对流时，常用一大烧杯金色的糖浆来辅助教学。对烧杯底部进行加热就能够看见一股柱流向上涌起。当对流到达表面时，上面浮着的有裂纹的饼干就会破裂，用以表示大陆漂移。在地球物理学实验室中会使用大量的糖浆来研究地幔对流的细节。

之后发现，两股直径约 1000 千米的炽热地幔柱可能成为超级地幔柱，其中一股在南太平洋板块下，另一股在非洲板块下。南太平洋地幔柱可能是古老的白垩纪超级地幔柱的残余，其最活跃的时期也许已经过去。

而非洲超级地幔柱似乎带有一些冰冷的物质，可能为古老的非洲大陆板块，因此喷发进程受到了延阻。但是它最终会找到突破的途径，从东非大裂谷下喷涌而出，届时非洲大陆可能会一分为二。也许，未来某天这里会出现一片新的海洋。

> ❝ 地球物理学家探寻的是地球本身……他的任务就是对地球经历巨大进化和灾变的遗迹进行解释。❞
>
> —— 威廉·巴克兰，《地质证明演说》(*Vindiciae Geologicae*)，1820 年

制造超级地幔柱　美国加州理工学院通过计算仿真模拟出一种超级地幔柱从地幔底部升涌起来的方式。将一大块古老的岩石圈地壳岩石沉入地核与地幔交界之处，这块相对冰冷、质密且坚硬的地壳岩石可以将小型地幔柱的形成延迟到 1.5 亿年以后。但是白炽化的热气在其下方堆积，最终，大约在 2 亿年后，超级地幔柱就会冲破只有几百万年历史的地幔层，高速涌出。这次仿真所用的热物质的量远远超过了普通的地幔柱，结果在地幔中产生了类似于熔岩蘑菇云的物质，导致了地表大面积的剧烈喷发。

科学家在制造另一场超级地幔柱时也采用了沉入大块岩石圈地壳的方法。这块地壳岩石在下沉的过程中因遇上地幔层而受阻，直到矿物岩粒发生相变，成为新的致密高压物质形态后才继续下沉。当它最终突破到地核与地幔交界处时便迅速瓦解。在这一过程中，地壳岩石挤开原先长期高温受热的物质并取而代之，由此产生了一场超级地幔柱。

磁场扭绞（**Magnetic twist**）　白垩纪还伴随着磁场扭绞，它径直延伸到地核深处。可能是由于外核中大量的熔融物质随着白垩纪的超级地幔柱一起喷出，在一定程度上平息了部分较为混乱无序的磁场活动，使得在长达 4000 万年的时间内没有发生磁极逆转。

热量随超级地幔柱涌起

12 地壳和陆地

我们的地球表面覆盖着薄薄一层冰冷、坚硬的岩石，即地壳。它是人类文明产生和延续的基石。它有时会变成大地、空气和水之间炽热的分界，传递出位于人类脚下地层深处的活动情况。

从太空看地球，能够看到两种截然不同的地表景象：广袤蔚蓝的海洋和相对较少但依旧醒目的大陆岩石。它们反映出地壳的两种不同形态。海洋地壳通常仅有 7 千米厚，几乎全部由火山玄武岩组成，上面覆盖了一层薄薄的沉积物。所有海洋地壳的地质年龄都很年轻——不到 2 亿年。

大量岩屑　相反，大陆呈现为块状。其岩层经过挤压、交叠、弯转和扭曲后，就如同经废物堆放场的压实机处理过的旧金属一般。这是岩屑不断累积覆于地球表面之上的产物。大陆中心非常古老——接近 40 亿年，它的周围是冲淤的岩屑、火山以及大陆堆积物。

究其根源，海洋地壳和大陆地壳都是地幔岩石部分熔融而形成的，但是海洋地壳的颜色更深、密度更高，含有更多硅酸镁和铁。当海洋地壳充分冷却后，其密度足以让它重新沉回地幔。而大陆地壳就好比浮于水上的软木，永远不会下沉，因为含有铝等元素的高密度硅酸盐的含量较少，至少在地壳上层如此，而且它的平均成分和花岗岩差不多。有

大事年表　达特穆尔高原的产生

3.1 亿年前	3.09 亿年前	2 亿年前
地壳深处局部熔融产生了一股花岗岩岩浆	花岗岩从周围岩石中隆起形成岩基	收缩和热液造成花岗岩内部的裂痕并使矿脉沉淀

玄武岩

玄武岩是地球地壳中大量存在的岩石，很可能也是其他岩态行星地壳的主要成分。它是海洋地壳的主要组成，也是大陆地壳的基底。玄武岩是由上地幔岩石部分熔融形成的，岩石熔融形成了一种混合物，其中含有斜长石、辉石以及约 50% 的石英。因含有微量的深色磁铁矿，玄武岩接近黑色。海底火山喷发后迅速冷却形成了玄武岩细密的纹理。辉长岩是一种成分相近的纹理粗糙的岩石，因为有时位于海洋地壳的底部，有时注入其他岩石中，所以形成了冷却较慢且粗糙的结晶体。

关下层大陆的研究记载较少，但据我们所知，其主要成分与玄武岩很类似。

大陆增生　加拿大、格陵兰、澳大利亚和南非均有 30 亿年以上的岩心，除此以外绝大多数的大陆成分较为年轻。造成这一现象的原因可能是其他地方的岩石保存率较低，而不是形成率不高。大陆的增生有好几种途径。地壳岩石下方会有地幔柱形成，但由于无法穿破岩石，最后就成为大陆岩基的一层一层的玄武岩。当湿海洋地壳俯冲到大陆下时，部分熔融的岩石在海水的作用下就会形成如同安第斯山脉以及美国西北部一样的火山边缘。著名的安山岩火山石就是在这一过程中形成的。在沉积物形成的过程中，不断循环的大陆物质就构成了大陆的边缘。花岗岩是大陆地壳上层最为常见的岩石，约占 80%。

花岗岩的隆起　花岗岩是由大陆地壳深处的岩石熔融而形成的。岩

4000 万年前	200 万年前	今天
周围的岩石被侵蚀，热带气候进一步催化了花岗岩的化学风化	冰河时期的物理风化作用将花岗岩变成球状岩块，冰除去了岩石周边的土壤	位于突岩上的球状花岗岩块形成了达特穆尔高原壮观的地貌

石熔融可能是由于地幔柱释放的热量，也可能是接触到了构成大陆岩基的炽热的玄武岩。花岗岩富含二氧化硅（石英），因此黏性很强。人们曾认为，所有大陆上都存在的巨大拱形花岗岩需要经过亿万年时间才能从周围的岩石中隆起。现在看来可能并非完全如此。花岗岩形成过程中最先被熔融的是包含水分最多的物质。这样一来会加剧岩石的熔化，使其呈现为流质，能够从相对较小的岩石裂隙中大量流出。因此现在的观点是，花岗岩的侵位可以不用经过亿万年的时间，而只需要短短几千年的地质时间。

> **无论一个人有多么久经世故，都会被宏伟的花岗岩山脉所震撼——它的沉默足以触动人的内心。**
>
> ——安塞尔·亚当斯

花岗岩顶入浅层地壳时会形成叫作"岩基"的巨大拱形结构。由于它们非常巨大，使得内部的花岗岩冷却得非常缓慢，让矿物质有充足的时间形成装饰建材中流行的巨大晶体。建材中著名的英国花岗岩就来自于坎布里亚郡的莎普费尔以及德文郡的达特穆尔，但是世界上其他地区还有更大型的岩基，例如长达 1400 千米的秘鲁海岸岩基。

水的作用　湿矿石熔化率先形成花岗岩，而后上地幔中的相似运动形成玄武岩，于是大陆底部留存的岩石变得干燥、坚硬、难熔。因此，大陆的底部就向地幔延伸。就如同海面的冰山一样，海面之下的部分远

花岗岩

作为大陆地壳最常见的岩石类型，花岗岩或通过地壳岩石熔融形成，或通过玄武岩熔化后的分离结晶形成。在后一种情况中，密度更高、颜色更深、富含镁矿的矿物结晶沉淀下去就形成了富含二氧化硅的熔岩。由于熔融花岗岩侵入岩体或深成岩体大量注入周边的岩石，在缓慢冷却的过程中就生成一种富含石英的粗糙的结晶岩石，同时伴有长石以及片状黑云母或角闪石之类的深色矿石。

比你看到的海上部分要庞大得多，同理，山脉越高，其龙骨越深。

　　只要有水的地方，诸如花岗岩这样的大陆岩石就能形成。地球是因为有了海洋，才产生了陆地。而干燥的金星就没有陆地，因为一个板块运动活跃的星球不会被水覆盖，有水才会有陆地。

漂浮在地球表面的巨大陆地

13 板块构造理论

如果说，20世纪有什么重大观点改变了我们对地球的认识的话，那便是"板块构造理论"。该理论不是简单地认为板块漂浮在地球表面之上，而是系统地阐述了板块漂移的原理和原因。

板块拼图　在18世纪出现相对精准的世界地图后，人们开始注意到非洲西海岸与南美洲东海岸轮廓的相似之处。由坚硬岩石构成的大陆，曾经彼此相连而后又漂移分离，这种观点在当年的人们看来真是荒诞无稽，因为在漫长的地质年代中，人类只是短暂的存在。但是，还有比大陆漂移更惊人的说法，即整个地球都曾发生扩张。

大陆漂移　直到20世纪，像阿尔弗雷德·魏格纳这样的地质学家才开始慎重地研究大陆漂移的可能性。但是这样的科学家仍属少数。当时人们普遍认为，地幔太过坚硬，板块不可能像船行海上一样在其上通行。

> **如果南美洲和非洲的契合并非天然，那么它就是撒旦让我们失望的把戏。**
> ——切斯特·R. 朗韦尔

英国地质学家阿瑟·霍尔姆斯在其1944年所著的经典教材《物理地质原理》（*The Principles of Physical Geology*）中甚至提出了一个大陆漂移的原理：虽然地幔很坚硬，但是从地质年代的维度来看，地幔对流确有可能带动板块漂移。以南非的亚历克斯·杜托伊特为代表的其他科学家，则展示了大西洋两岸的地质结构是何等地相近，就如同纸张一分为二后各自留下的文字或图片相同一样。同时，两边地层的化

大事年表

18世纪	1858年	1910年	1912年
第一幅精确的大西洋地图展现出两边大陆海岸轮廓的相似之处	安东尼奥·施耐德－佩莱格里尼绘制出美洲大陆和非洲大陆吻合的地图	美国科学家法兰克·泰勒提出大陆在地球表面移动一说	德国科学家阿尔弗雷德·魏格纳提出大陆漂移理论

石也表明两片大陆曾经紧紧相连。但这一观点并未得到广泛的认可。

　　1957 年为国际地球物理年。自此之后,情况发生了转变。当时,海洋测量显示大洋中脊遍布全球,就如同网球上的接缝一般(参见 14)。与此同时,标注重大地震活动的地图显示,将一些地震点连接成线后,它们有时沿大陆边缘分布。这些线似乎刚好标记了地球表面几个坚硬的板块之间的分界。

阿尔弗雷德·魏格纳

　　魏格纳(1880—1930)出生于柏林,在攻读硕士学位的两年间曾前往格陵兰探险。据说,他在那里看见海中冰破而萌生了大陆会分离的想法。看到西非与南美洲吻合的轮廓之后,他确信这二者曾经是连接在一起的。他还展示了二者的大陆架边缘,其吻合度比现有海岸线的吻合程度还要高。但是由于无法给出大陆能够在坚硬的岩石上移动的原理,他的观点没有被广泛认可。魏格纳在后来的一次格陵兰探险中身亡。

　　板块构造理论　地球上共有 7 个巨大的板块和其他一些坚固的板块,在板块交界处还分布有一些零星的板块碎片。并非所有的大陆边缘皆为板块边界。例如,非洲板块向西延伸至大西洋中脊,向东延伸至印度洋。板块的厚度要比地壳大得多,它一直延伸到地幔顶部坚硬的岩石圈。尽管大洋中脊处的地幔薄得几乎可以忽略,但是海洋板块之下的地幔厚度通常为 100 千米。在内部古大陆或古地台之下的地幔可能厚达 300 千米。因此岩石圈的底部与构造板块的底部并不总是界限分明的。它们之间不

1927 年	1944 年	1960 年	1963 年	1965 年
亚历克斯·杜托伊特证明了南非大陆与南美大陆岩石结构的吻合	阿瑟·霍尔姆斯提出地幔对流是板块漂移的原因	哈里·赫斯提出新的海底产生于大洋中脊	弗莱德·瓦因和德拉姆·马修斯用磁场证明海底扩张	图佐·威尔逊、杰森·摩根以及丹·麦肯奇提出板块构造理论

是莫霍面那样能够反射地震波的突兀的界限，而是可以从坚硬、易碎的岩石向下层硬度较低、黏性更强的岩石逐渐过渡的一个分界。

超大陆　追溯过去的板块活动，会有一幅截然不同的世界地图呈现在我们面前。南方大陆聚集在一起形成冈瓦纳古陆，而北方大陆则是由北美洲、欧洲以及亚洲组成的劳亚古陆。分隔这二者的就是从地中海区域向东开放的特提斯洋。冈瓦纳古陆和劳亚古陆联合成盘古大陆，这正是魏格纳在 1912 年提出的超大陆。

极移　大陆漂移的方向可以通过岩石中锁住的磁力来推断。与地球磁场保持平行的磁性粒子会在熔岩冷却这样的过程中被锁入岩石中。正如我们所见，地球磁场有时会发生逆转，但它仍然几乎与地球的自转轴保持平行，由此地质学家们想到了根据岩石形成的时间来推断任意大陆上"北"的方位。逐层记录岩石的磁定向就有可能建立极移曲线，除非移动的不是地极而是大陆。有时，不同大陆的岩石同时出现在某一时代的磁排列中，说明这几个大陆在当时是联合在一起的。以非洲和南美洲为例，二者大约在 1.9 亿年前的侏罗纪早期就处于联合状态。

大陆华尔兹　极移曲线让大陆的移动可以追溯到前寒武纪时期。经过百亿年的地质变化，大陆之间似乎一直处于分分合合的状态，如同在舞池中移动舞步。这种现象被称作"威尔逊旋回"。

图佐·威尔逊

第二次世界大战后，图佐·威尔逊（1908—1993）为其祖国加拿大的地壳演化研究做出了重大努力，但是后来他对研究大陆漂移的证据产生了兴趣。他提出，夏威夷群岛以及与其相邻的海底火山链的形成可能是因为太平洋海底在移动过程中飘过地幔上方一处位置固定的热点。他将其比作人躺在流动的溪水上用麦秆吹泡泡。随后他发现三种主要类型的板块边缘，为板块构造理论奠定了基础。

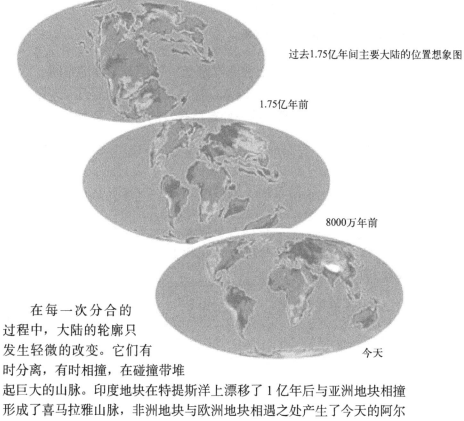

过去1.75亿年间主要大陆的位置想象图

1.75亿年前

8000万年前

今天

在每一次分合的过程中，大陆的轮廓只发生轻微的改变。它们有时分离，有时相撞，在碰撞带堆起巨大的山脉。印度地块在特提斯洋上漂移了 1 亿年后与亚洲地块相撞形成了喜马拉雅山脉，非洲地块与欧洲地块相遇之处产生了今天的阿尔卑斯山脉，而西班牙则与法国在比利牛斯山脉处交合。我们将会在稍后的造山运动中回顾这些山脉的诞生。

移动的大陆

14 海底扩张

地球表面70%以上被海洋覆盖。我们邻海建造家园、欢度节庆，我们在海中游泳、潜水、捕鱼，却很少涉足几十米以下阳光所不及的海底，那里是一片有待开发的世界，蕴藏着地球如何运转的线索。

大海洋区（open ocean）的平均深度在4千米以上。19世纪中叶，为了铺设第一条横贯大西洋的电缆，人们事先派船队对北大西洋进行了勘测。勘测到一半时，他们在深海平原（虽然在深海中，但人们仍然称之为"平原"）发现了一片高达2000米的山脉。这片山脉的形态为两座洋脊中间有一条裂缝。

地球上最长的山脉　20世纪50年代，英美海军为了替潜水艇在海底找寻隐蔽之所进行了深海勘测，完整的大洋中脊系统才得以被人们认识。当时的勘测船配备了声呐，比起在船的一侧沉下重物去测量，这种方法能更快地测出海底深度。勘测发现，洋脊系统从大西洋中间贯穿南北，而后跨过印度洋并伸向太平洋。整个系统长达7万千米，宛如网球球身上的接缝一般环绕整个地球，堪称地球上最长的山脉。

地壳的产生　大西洋洋脊在大洋中部有着严格的走势，这也同时反映在了东西各2000千米开外的海岸线的形状上，这一切并非偶然。

大事年表　大西洋扩张

1.8亿年前	1.2亿年前	6300万年前
北美洲开始同欧洲和西非脱离	南大西洋开始扩张	苏格兰西北方向的火山完全从欧洲脱离（如格陵兰）

未来的洋脊

印度洋洋脊的一支在阿拉伯半岛下蜿蜒伸向红海，也许它本身就是一片没有形成或有待形成的海洋。而就在这里，这片洋脊的分支和顶部伸向了埃塞俄比亚并顺着东非大裂谷延伸。一小股非洲超级地幔柱填了进来，形成了无数火山。达纳吉尔凹地位于它的北部，它是厄立特里亚和埃塞俄比亚位于海平面之下的部分，也是大陆即将分裂的地方。这也许是新的海洋形成的征兆。

1960 年，地质学家、美国前海军上尉哈里·赫斯得出一个明确的结论：大洋中脊是新海洋地壳产生的源头，是大西洋扩张以及两端大陆漂移的原因。

地球磁带　接下来找寻证据的重任就落在了英国剑桥大学科学家弗莱德·瓦因和德拉姆·马修斯的肩上。他们在大西洋中脊处来回拖行一个灵敏的磁力计，然后绘制出海底火山岩石中锁住的磁场地图。每几十万年地球磁场就会发生一次逆转，而他们在大洋中脊两边的岩石中均发现正常的地球磁带与逆转的地球磁带相互交替存在。

地球磁带之间彼此呼应，随着岩石形成时间的推移，它们会逐渐远离洋脊。这一证据征服了大陆漂移怀疑论者，并最终形成了板块构造理论。

> 66 世界是地质学家最大的迷盒。在它面前，地质学家如同孩童一般，他们解开了部分疑惑，但大量谜团仍然悬而未决。只有当他们发现线索之间的关系，找到它们的契合点时，所有线索才会在他们手中变成完整的图画。99
>
> ——路易斯·阿加西

5600 万年前	2000 万年前	今天
海洋地壳下的熔岩喷发，使得北大西洋局部直接变成干燥的陆地	大洋中脊处的地幔柱开始形成冰岛	大西洋的宽度为 4000 千米，而且每年还会扩张 3 到 4 厘米

大洋中脊剖面图　炽热的熔岩从洋脊处喷发出来。大约在 100 千米的地层深处，部分熔岩熔化喷出形成新的玄武岩海洋地壳。喷发的熔岩顺着洋脊缓缓流出，枕状玄武岩从裂缝中渗出，仿佛浓黑牙膏从巨型管道中流出。喷发物从洋脊中部流向裂缝。洋脊两边海底山脉的升高，一部分原因是炽热的地幔涌了上来，另一部分原因是它们本身仍然非常炽热。当它们向两边移动时，岩石冷却、沉淀、收缩，将原有的海底挤压回到其原有的深度。

地球表面的曲度很难造就直线，因此出现了数量众多的大规模偏移或转换断层沿洋脊线。

海底黑烟囱　大量的水从新海洋地壳的裂缝和气孔中渗漏出来。水会加热并溶解流经岩石中的矿物质，然后从海底的热液喷口处喷涌而出。富含矿物质的热液析出黑烟一般的硫化矿物，在热液喷口周围堆起坚固的烟囱，即"海底黑烟囱"。此处热液的温度可高达 350℃，但由于压强的原因不会沸腾。细菌以及其他较大的微生物就是凭借这种化学能量险中求生。

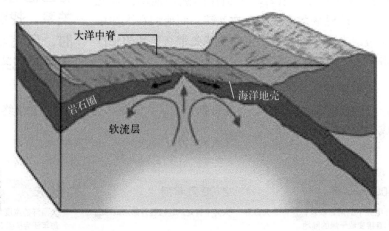

从地幔涌起的熔岩沿大洋中脊形成新的海洋地壳。在软流层的作用下，新的海洋地壳和下方坚硬的地幔岩石圈层向大洋中脊外移动

"挑战者号"科学考察

1872 年，"挑战者号"的起航开启了人类历史上第一次正式的海洋探险。在随后的 4 年间，它航行了 13 万千米，对深海水深、底泥以及海洋温度进行了测探，并且发现了 4700 个新物种。在众多勘测区域中，西太平洋关岛附近的马里亚纳海沟是进行深度测量的海域，当时记载的深度为 8182 米，仅次于现在已知的全球海洋最深处"挑战者深渊"的10 900 米。

真正的亚特兰蒂斯　冰岛就处于地幔柱与大西洋中脊相会之处。5600 万年前正值北大西洋扩张，此处的地幔柱可能发生了一场喷发。由于热度有限，没有造成大规模的火山爆发。相反，此次喷发却向岩石圈中注入了大量物质，使得海底上升。剑桥大学的科学家在对 1 万平方千米海底区域进行地震勘测时，发现了一片"遗失"的陆地，海岸线、山丘和河谷地貌清晰地表明这里曾是地上陆地。核心样本还反映出来自森林的花粉和褐煤。整个北大西洋很可能在曾经一两百万年的时间里都是陆地，而今这片大陆躺在海底 1000 米的深处，其上还覆盖有 2000 米厚的沉积物。

海底扩张从大洋中脊开始

15 俯冲

新的海底在形成，大陆在漂移但并没有消失，而地球的体积却没有变化，因此旧地壳必然要通过某种途径消亡。这就是"俯冲"。俯冲是整个地幔循环的终结，并在此过程中积加到大陆边缘，造成岩浆弧。

海洋地壳的年龄都不超过 2 亿年，而且超过 1 亿年的都少之又少。这是因为当海洋岩石圈板块的密度在冷却凝固的过程中变得越来越大，直至无法浮在炙热的上地幔层上时，就会开始下沉。

海沟 远离大洋中脊的深海平原位于海底 4000 米深处，海水在这里骤然落入一处深达 1 万米的海沟。这个海沟虽然深不可见，但是仍能通过其运动过程中所产生的地震带而探知。俯冲的速度和大洋中脊处海洋地壳产生的速度差不多，约为每年 2~10 厘米，相当于人类指甲生长的速度。

首先，海洋板块大约呈 30 度角向下插入，当它到达 100 千米左右深的海底时，玄武岩在高温高压的环境中会变为密度更大的榴辉岩，呈多陡坡状。随着岩石受热变软，此处的地震逐渐消失。但是通过其他横波源，作为高速度层的这个板块仍然可以被发现。最终，该板块至少会到达地层 660 千米深处，停在上地幔底部。

大事年表 古代海洋

6.5 亿年前	4.2 亿年前	3.65 亿年前
古大洋扩张造成南极洲和澳大利亚向北移动，加拿大和西伯利亚向南移动	北美和北欧之间的巨神海闭合	北美、南美与美国佛罗里达州之间的瑞亚克洋闭合

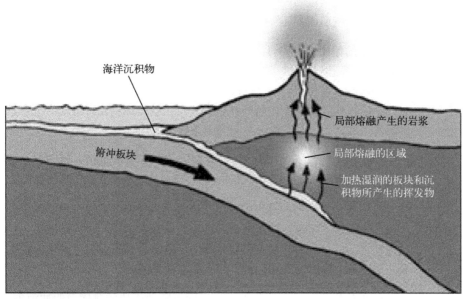

海洋沉积物

俯冲板块 →

局部熔融产生的岩浆

局部熔融的区域

加热湿润的板块和沉积物所产生的挥发物

在海洋岩石圈俯冲的过程中，包括水汽在内的挥发性物质引起局部熔融与其上方的火山喷发

火山弧　海洋地壳的运动并不温和。在海底经过了1亿年之久，海洋板块是湿润的——水分既藏于气孔中，也与其中的矿物质发生化学结合。板块下沉受热的过程中，水汽挥发上升，降低了上方岩石的熔点，于是俯冲带上方就形成了火山链。海洋岩石圈俯冲到另一海洋板块的地方就形成火山岛弧，西太平洋火山岛弧就是一例典型。而当海洋岩石圈俯冲到大陆板块下面的时候，火山喷发就会形成山脉，如南美洲的安第

2.8 亿年前	1.8 亿年前	1.2 亿年前	5000 万年前
特提斯洋在印度、澳大利亚和中国西藏之间扩张	大西洋开始扩张	南大西洋开始扩张	特提斯洋闭合

斯山脉以及美国俄勒冈州和华盛顿州的喀斯喀特山脉。海洋岩石圈和大陆板块之间就形成了环绕在太平洋周围的环状火山链。

未来的俯冲作用 海洋地壳难以维持很久。目前大西洋板块仍被视为欧洲、非洲以及南北美州板块的一部分，但最终，位于陆地板块边缘的最古老的海洋板块会开始向陆地板块下俯冲。事实上，在西大西洋一些较小的板块处俯冲作用已经开始，其产物就是加勒比海地区的波多黎各海沟以及南美洲与南极洲之间的南桑威奇海沟。

然后，再经过大约 1.5 亿年的时间，大西洋又会重新开始闭合，然后约 2.5 亿年后出现一个新的超级大陆，就这样不断地进行威尔逊旋回。

海洋板块在俯冲的过程中并没有全部沉入地幔。海底沉积物顶层会出现部分剥落，聚集在覆于其上的增积岩体板块边缘。这就是板块生长的途径之一，也是海洋化石出现在陆地上的一种情况（另一种情况是当大陆被海水淹没时，海洋化石直接沉淀在浅海处）。

消失的海洋 过去那些大洋已经随着陆地板块的碰撞而俯冲消失。最近一次最著名的是侏罗纪海洋的消失，它也叫作特提斯洋。随着非洲和印度板块向欧洲和亚洲板块靠拢，特提斯洋的海底向北俯冲。地震层

雨果·贝尼奥夫

雨果·贝尼奥夫（1899—1968）是美国地球物理学家，任职于美国加州理工学院。他还是一名杰出的仪表设计师，发明的地震仪至今仍被广泛使用。1945 年，他在加利福尼亚利用 10 台地震仪协同工作，为在新墨西哥沙漠进行的第一次原子弹爆炸试验进行选址定位。他还和日本地震学家和达清夫一起绘制出了西太平洋某岛弧下小型地震的位置。他们发现，地震区域约呈 30 度角插入岛弧下方。现在我们知道了和达与贝尼奥夫发现的是海底俯冲板块的斜坡。

> **❝ 我们与海洋紧密相关。当我们回归海洋，无论是航海还是观测，我们都回到了自己的诞生地。❞**
>
> ——约翰·F.肯尼迪

析成像显示一些板块碎片仍然在继续向地幔层下滑。剥落的特提斯洋海底沉积物，现在是阿尔卑斯山脉和喜马拉雅山脉山脚的组成部分。特提斯洋的部分中脊出现在了塞浦路斯，沿山脊沉淀的丰富的铜矿为青铜器时代提供了原材料。

　　大陆相撞的位置即古代海洋闭合之处，也叫作"缝合带"。苏格兰南部高地就是一例典型，那里曾是巨神海的所在，大约在 4.2 亿年前闭合。今天，从那里驱车前往英格兰只需要很短的时间，但在 5 亿年前，却需要经过漫长的海上旅行，而且今天苏格兰的部分地区在当时原本属于美洲大陆。曾经位于两块大陆之间的是阿瓦隆尼海岛，它的部分遗迹如今见于英格兰西南部、加拿大纽芬兰和美国新英格兰地区。

　　石化的莫霍面　古老的、冷却的海洋板块通常会在俯冲带重新沉入地幔，但极为罕见的是，有些部分被抬升、侵蚀，形成了地质学家所发现的石化的莫霍面的一部分。它们被称为"蛇绿岩"，位于阿拉伯半岛东部边缘的阿曼就是很好的样本。它是白垩纪时期海底的一部分，苍白的辉长岩覆盖于深色致密的橄榄岩之上，但是界限并不分明。每隔几米，两种类型的岩石就会出现几厘米左右的模糊交错。现代地震反射技术表明，类似的交错性也出现在今天的莫霍面中。

俯冲与海洋消亡的地带

16 火山

火山是地球内部热能释放出来之后在地表形成的壮观景象。曾被认为是"地狱烟囱"或"龙穴"的火山，既可以形成蔚为壮观的风光，也能够摧毁城市、破坏地区，甚至令气候发生变化。人们可以研究、了解、预测火山的爆发，却无法阻止它。

我们已经了解了地球的内部运动，即能够产生火山的地幔运动，其中包括岩浆从大洋中脊处缓缓上涌形成新的玄武岩地壳，地幔柱喷出熔岩，俯冲板块之间喷发更为剧烈的液态岩浆。下面我们将仔细分析这些火山。

夏威夷的火山盛会 夏威夷群岛坐落于地幔柱上方。太平洋板块在地幔柱上方漂移，形成呈链状分布的岛屿和海底山脉，向西北方向延伸。过去的 8000 万年间，这个火山岛链一直比较沉静，直到大约 4800 万年前才开始出现明显的偏北向漂移。

要是从其真正的底部——海平面以下 5000 米处开始测量，夏威夷岛称得上是地球上最大的山脉。岛上有两个主要的火山口：冒纳凯阿火山和冒纳罗亚火山，前者是一个国际观测站的所在地，是一座死火山，后者的最近一次喷发是在 1984 年。

基拉韦厄火山口位于冒纳罗亚火山的东南侧，从 1991 年起就几乎

大事年表 历史上著名的火山喷发

210 万年前	公元前 6.8 万年	公元前 1627 年	公元 79 年	1707 年	1815 年
黄石火山喷发：产生的火山灰云是 1980 年圣海伦斯火山爆发时的 2500 倍	印度尼西亚多巴火山大爆发：威胁了早期人类	希腊圣托里尼岛火山爆发：造成了克里特文明的灭亡	意大利维苏威火山爆发：摧毁庞贝古城	日本富士山喷发	印度尼西亚坦博拉火山爆发：造成该国当年"没有夏天"

火山岩石

火山岩石的性质取决于它们的成分、喷发的方式、气体含量以及冷却的速度。极速猝熄会产生一种叫作"黑曜石"的火山玻璃。伴有气泡的熔岩若能在气泡逃逸之前冷却，就能产生质地轻巧、可以漂浮的浮岩。岩粉会像灰尘或煤渣一样落下，但如果在落地前岩粉仍然质地柔软的话，就会形成熔结凝灰岩或中酸凝灰岩。大块的熔岩在落地前若已冷却，会形成面包皮火山弹，而那些落地后质地仍然比较柔软的熔岩看上去更像牛粪。熔岩流的表面会被不规则的石块暴力地冲击。在这种情况下，如果熔岩流只有薄薄一层，就会生出绳子一样的纹理。

一直在连续喷发。位于夏威夷岛东南面的罗希火山是最年轻的夏威夷火山，目前仍是海底火山，但可能会成为下一个夏威夷岛。

上涌的地幔岩石约在地层 150 千米的深处开始熔化。这一深度的压力只能让 3%~4% 的岩石熔化形成黏稠的玄武岩熔岩，它是盾状火山特有的又长又宽的熔岩流。在流动的过程中，逸出的气体使得熔岩如泉水般喷溢而不是爆炸式喷发，因此，这种形式的火山喷发能够保证在火山口边缘的观景台上的游客的安全。熔岩流可以流至很远，有时在流向大海的途中甚至会阻塞道路。

香槟式火山 在自然界中，当属俯冲带之上的火山喷发最为猛烈，因为填入这里的岩浆是由富含二氧化硅的湿润岩石在较浅的地层中产生的。这种岩浆更黏稠，其流动或喷发的方式也就不同于夏威夷火山岩浆。水和其他挥发物使其含有气体物质。由于在上升的过程中压力

1883 年	1902 年	1943 年	1963 年	1980 年	1991 年
印尼苏门答腊岛喀拉喀托火山爆发；摧毁了整座岛屿并引发海啸	马提尼克的培雷火山爆发：火山灰流摧毁了圣皮埃尔镇	墨西哥帕里库廷火山爆发：原先的农田旷野中生出新的火山来	冰岛叙尔特塞岛火山爆发：新的火山岛开始形成	美国华盛顿州圣海伦斯火山爆发：爆裂喷发	菲律宾皮纳图博火山喷发：气溶胶云团令气候变冷

一例火山解析

位于西西里的埃特纳火山是一座复杂的火山，也是人类研究最多的火山。它的形成时间只有 25 万年，海拔 3330 米且至今仍在增长。事实上，在过去 50 年间，其喷发更为频繁，爆发性也更为强烈。它的源头不是普通的火山口，而是地幔柱。多个火山口遍布其山顶周围，周边的裂隙中也频频喷出岩浆。人类能够通过密切观察其喷发与平息以及周边引力变化的规律，来掌握其内部岩浆涌起的活动。埃特纳火山的体积如此庞大，甚至两侧都可能会发生坍塌，造成更大的灾难性喷发。

减少，岩浆就像被摇晃过的香槟酒一样充满了气泡。但由于岩浆过于黏着，气体不容易挥发，结果就导致爆炸式喷发，火山灰与火山渣甚至能够冲入大气。公元 79 年，罗马帝国的作家小普林尼就曾目睹过维苏威火山香槟式的喷发，那场灾难不仅夺走了他叔叔的生命，还摧毁了意大利古城庞贝和赫尔库兰尼尔姆。

俯冲带火山通常为成层火山，日本的富士山就是一例典型的、由不同火山灰和熔岩构成的锥形火山。有时其火山灰云可喷入 20 千米的高空中，甚至可扩散至平流层，以降雨的形式影响整个大陆。有时，炙热的火山灰会因负荷较大而贴地流淌，但在受到炙热膨胀的气体和水汽的提升后就会漂浮起来，像液体一样以每小时上百千米的速度顺着斜坡急速滑下，所遇之物无不被其吞噬。1902 年 5 月 8 日，加勒比海的法属马提尼克岛的圣皮埃尔镇就遭到具有如此破坏性的火山灰流的袭击，造成 3 万人死亡。幸存者寥寥无几，其中一名侥幸生还者是被关在密不透风的单人牢房中的囚犯。

圣海伦斯火山 1980 年 5 月 18 日，位于美国华盛顿州的圣海伦斯火山发生了美国近代史上最强烈的一次火山喷发。火山灰和热气整整喷发了两个月，山的北侧竟然开始膨胀隆起。凸出的部分崩塌后，火山中心的压力立即得到释放，造成了岩浆喷发，速度达到每小时 1000 千米。

> **"回想当时，可怕的浓云在我们后方出现，就像倾泻在大地上的洪流一般紧逼着我们……火焰已经在一定距离外熄灭，但是黑暗和灰云再次向我们压来，很多很多。"**

——小普林尼，公元 79 年

岩浆推倒了大量的树木，流至 30 千米开外，破坏性巨大。火山爆发粉碎的岩石达 1.4 立方千米，致使美国西北部大部分地区地面上覆盖了厚达 10 厘米的火山灰。

火山与气候 火山气体和火山灰云对全球的气候会产生重大的影响。2010 年，冰岛埃亚菲亚德拉火山喷发时产生了极具磨蚀性的火山灰颗粒，可能对飞机引擎造成破坏，导致欧洲西北部航空运输暂时中断。火山灰云的出现是因为火山在冰川下方喷发，引起了强烈的冰川融化，但其影响并没有持续很长时间。

1991 年，菲律宾的皮纳图博火山喷发，10 立方千米的火山灰和 2000 万吨的二氧化硫喷至高空。火山灰扩散至平流层，在全球范围内扩散，而产生的硫酸盐气溶胶又形成一层硫酸雾，导致臭氧层减损，全球气温在其喷发后两年内下降了 0.5 度。

历史上一些大的火山喷发产生的影响可能更大。7 万年前，印度尼西亚多巴超级火山的一次大爆发，导致全球正在进化的人类人口大大减少。6500 万年前产生德干地盾和 2.5 亿年前形成西伯利亚地盾的大范围火山爆发，可能是导致同时期动植物大量灭绝的原因。

熔岩的力量

17　地震

动量不断驱动全球板块漂移，但板块的边缘却不那么平滑。它们有时受阻，有时又可能突然滑动，造成大地的震动。某一板块何时何地会再次滑动，以及会产生何种结果，是地质学家们努力探寻的问题。

最新的全球定位、激光测距或射电天文学等技术可以把当前地壳中各个地质板块的相对运动精确到毫米。但这些技术只适用于板块的中间部分，到了边缘地点，情况就变得复杂难解了。板块边缘都不是齐整的直线：地壳裂缝或断层受到其他断层的影响会发生平移，复断层会平行排列，其他的断层会产生新的断层或裂缝。这些地质结构可能会在几十年甚至几百年内保持稳定，然而当郁积的巨大压力再也无法压抑的时候，就会突然发生毁灭性的地震，大地在短短几秒之内就能发生几十米的位移。

圣安德烈亚斯断层　世界上最著名的断层大概要属美国加利福尼亚州的圣安德烈亚斯断层了。实际上它是一个复杂的断层带，绵延在旧金山中部，向南经过洛杉矶内陆的群山。相对于北美板块，太平洋板块呈持续向北移动的趋势。也许再过 2000 万年，洛杉矶就与旧金山紧紧相邻了。

大事年表　重大地震、震级及伤亡情况

公元前 526 年	1556 年	1730 年	1737 年	1755 年	1906 年	1908 年
土耳其安提俄克地震（死亡人数可能达 25 万人）	中国陕西特大地震（83 万人死亡）	日本北海道地震（13.7 万人死亡）	印度加尔各答地震（30 万人死亡）	葡萄牙里斯本地震（10 万人死亡，主要死于海啸）	旧金山 7.8 级地震（3000 多人死亡）	意大利墨西拿 7.1 级地震（12.3 万人死亡）

震级

地震可以发生在地下几百千米深处的任何位置。断层开始破裂的地方叫作"震源",正对震源的地表位置叫作"震中"。地震的严重程度在今天是通过矩震级来度量的,而不是以前的里氏震级,尽管二者差别不大。矩震级是通过岩石滑动的程度、摩擦的区域以及岩石的硬度来计算的。它表示的是震源所释放的能量,因此对地表的破坏性也取决于震源的深度。矩震级是一个对数函数,这意味着如果一场地震的震级高出两级,其威力将会强 1000 倍。

1906 年,旧金山遭遇了一场毁灭性的地震,接着又发生了火灾,接二连三的灾难几乎毁掉了这座城市。从那时起就不断地有余震发生,而且有的余震的破坏性也很严重,如 1989 年旧金山附近的洛马普列塔地震。将来肯定还有一场"大灾难"会袭击加利福尼亚州。

太平洋板块俯冲带 同样,日本也有一场未知的灾难。日本大多数的地震是由太平洋板块向日本东海岸俯冲造成的,这让日本发生的地震比一般地方都要多。1923 年,东京发生大地震,死亡人数达 14.3 万;1995 年,神户发生地震,死亡人数超过 6000;2011 年 3 月,日本东北部发生地震,紧接着又发生了严重的海啸,这场当代破坏力最强的一次灾难夺走了 2 万多人的生命,造成数千亿美元的经济损失。

预测不可避免的灾难 预测地震发生的位置比较容易,只需看看地图中板块的边界即可,难以确定的是地震发生的时间。有时仪表可以探测出哪里的板块之间压力过大,地震蓄势待发。历史记录也能反映出哪

1923 年	1960 年	1964 年	2004 年	2010 年	2011 年
日本关东 7.9 级大地震(14.2 万人死亡)	智利瓦尔迪维亚 9.5 级地震——有记载以来的最高震级(3000~5000 人死亡)	美国阿拉斯加威廉王子湾 9.2 级地震(131 人死亡)	印度尼西亚印度洋 9.1 级地震(23 万人死亡)	海地 7.0 级地震(死伤 22 万人)	日本东北部 9.0 级地震(2 万多人死亡)

> **66 地震发生后的那天早晨,我们对地质多了一分了解。99**
>
> ——拉尔夫·沃尔多·爱默生

一部分断层已经长时间没有移动。幸运的话,地震学家可以预测出十年之内是否有可能发生大地震。但即使他们确实预测到有地震要发生,地震随后一定会发生的概率也只有 1/3650,尚不能引起恐慌或成为组织居民撤离的理由。

建造抗震房屋 尽管地震不可避免,但我们可以做好应对准备。有这样一个说法:有时夺走人们生命的是建筑物,而非地震。日本和美国加利福尼亚州如今都有着严格的建筑法规,用以降低灾难性坍塌的风险。然而,亚洲、南美洲的一些地震多发地区,甚至欧洲的部分地区却没有做好地震的预防准备。以数据为例,在 1988 年的亚美尼亚大地震中,遇难人数超过了 10 万人,而一年后发生在加利福尼亚州的洛马普列塔地震,虽然震级相同,死亡人数却为 62 人。

部分冲积土区域存在着特定的威胁,那便是液化。一旦地震晃动了湿润的沉积物,它们就会溶解成流沙一类的物质,无法再对其上方的道路和建筑物起到支撑作用。它们甚至能扩大地震波的范围,1985 年的墨西哥城地震就是这样一例。在城市中,液化和地震本身都能轻易地切断水、气管道,在助长火势的同时也阻断了灭火的水源。现在旧金山使用一种智能管道,在遇到大幅的压降时会立即自动切断该区域供给。

早期警报 人们很难在地震前发出准确的撤离警报。但是,根据小震发生次数的增多可以预测可能会发生大地震,在此基础上,就可以切断存在巨大危害的气体供应,关掉化工厂或核电厂,提前把急救车辆开出大楼。有时,就算地震已经开始,也可以发出简短的警告。若震中距离城市较远,无线电波达到城市要比地震波快几分钟。若是发生海啸,

异兆

从怪诞的民俗到理性的科学，人们试图依赖一些征兆来预测地震。动物的反常行为和井水水位的突然变化都是地震的前兆。就是这样的征兆在 1975 年时帮助中国海城躲过了一场灾难性的地震。但在一年后，没有预警的唐山地震葬送了 24 万人的性命。科学家们对岩石挤压产生的氡气进行监测，并寻找矿物结晶泄露出来的微弱压电光（晶体被挤压时所产生，常用于气体打火机）；另外，有人说长波无线电波的传播速度快于地震波。但这些都不是可靠的地震征兆。当某一地层即将断裂时，出现满潮或强降雨就足以显示出异像，但谁能说出地震何时发生呢？

就可以在城市地震一个小时或更长时间前发出警告，提醒市民采取相应措施。2004 年，发生在印度洋的节礼日海啸死伤惨重，原因之一就是受灾城市没有周边太平洋国家已经普遍使用的早期预警系统。

地震——
不可避免但可以预测

18 造山运动

　　有时板块之间会互相撞击，但是较之普通岩石，大陆板块不会轻易停止运动。事实上，它很难在撞击刚开始时就马上停下来。当不可移动的大陆板块遭到某种不可抗拒之力的撞击时，它就会屈服。结果，这种大陆板块之间的撞击就产生了山脉，而且这一"撞击缓冲区"可以绵延好几百千米。

　　聚敛板块边界可分为三类：火山岛弧——一个海洋板块俯冲到另一个海洋板块下面的产物，如阿留申群岛；火山山脉——海洋板块俯冲到大陆板块下面的产物，如安第斯山脉；而大陆板块之间发生碰撞时则会创造出最高大的山脉，如喜马拉雅山脉。

　　安第斯山脉　安第斯山脉的诞生过程是板块俯冲成因的造山运动范本。这一过程不仅产生了一个喷射富硅安山岩的火山链，而且还形成了大量花岗岩，后者随后会侵入地壳并使之隆起。地球的造山期开始于1亿年前的白垩纪，伴随着地震和火山爆发一直持续到今天。安第斯山脉穿过德雷克海峡一直延伸到南极半岛。山脉东边的地壳海拔变低，形成了沉积盆地，部分可能是太平洋板块地壳俯冲时的向下拉力所致。

　　位置更北的美国西部的情形要更为复杂。俯冲的海洋地壳并没有陡峭下降，而是向更远的内陆地区延伸，进而形成了很多拉伸而成的低洼

大事年表　　主要的造山时期

4.9 亿 ~3.9 亿年前	3.5 亿 ~3 亿年前	3.7 亿 ~2.8 亿年前
北美板块与欧洲板块相撞产生了加里东（古苏格兰）造山运动	非洲板块和北美板块相遇后产生了阿巴拉契亚造山运动	欧洲板块和北美板块相撞产生了海西造山运动，又称华力西造山运动

地带，大约处于内华达州的位置。

大陆级"撞车" 8000 万年前，印度板块脱离南方大陆向北漂移，古地中海地壳开始向亚洲板块下方俯冲。3000 万年前，这些大陆板块开始发生正面碰撞，一直延续至今，仿佛是一场慢动作镜头下的车祸事故。

板块相撞时，海洋板块的密度够大，可以向下俯冲。大陆板块则不然，它就像是我们试图按下水面的软木一样，一个劲儿地要往上窜。打个比方，就好像交通事故中较低的那辆车不可能钻进路面下一样，上层板块不会下沉，反而会因为浮力而上升，因此被抬升的不仅是撞击缓冲区的山脉，同时还有更远处的青藏高原。

非洲超级海隆

能够抬升地貌的不仅是大陆之间的横向碰撞。在长达 4 亿年的岁月里，非洲南部大陆一直没有经历大陆板块之间的冲撞，但在过去 3 亿年间，这里的板块位置一直在平稳上升——这块大陆原本应该漂浮于地幔上方，其现在的地层位置却上升了 1600 米左右。出现这种现象的原因就是前面章节提到过的非洲大陆下方的"超级地幔柱"。非洲的南部大陆位于一个有着 3 亿年历史的地幔热源之上，在地幔岩石的喷涌下被不断抬升。此外，就水平方向而言，在远离山脉的大陆中部，一整片海相沉积岩可能在一次古代板块俯冲过程中被带入了海面之下。在漫长的地质年代中，陆地板块就好像软木一样不停地隆起和下沉。

1 亿年前至今
太平洋板块向南美洲板块俯冲产生安第斯造山运动

4500 万年前至今
阿尔卑斯造山运动和喜马拉雅造山运动

当你观察印度和亚洲的板块结合处的时候，会发现印度板块仿佛恰好嵌入亚洲板块的缺口一样。其实不然。用坚硬的岩块撞击厚厚的黏土来模拟板块碰撞，结果显示，坚硬岩块的前方产生了网格状的纵横裂纹，同时黏土块被挤出到了旁边，这一过程被称为"构造挤出"。亚洲地区板块相撞的情况大抵如此，印度支那半岛在这个过程中被挤到了东面。

快速隆升　喜马拉雅山脉的上升速度有多快，可以从它的内部矿物质中看出。花岗岩之类的深成岩在地壳内部上升时会迅速冷却，所以如果能够测得它们在过去不同时间段的温度，就能计算出它们当时的海拔。所幸，这种方法是可行的。我们已经得知锆石晶体在形成的时候会俘获铀，当铀原子衰变成铅的时候，放射性时钟就会开始工作。锆石会在温度超过 1000℃ 时结晶，此时的深度为 18 千米。其他的矿石也拥有各自的"闭合温度"（closure temperature），比如角闪石、金红石、黑云母的闭合温度分别为 530℃、400℃ 以及 280℃。铀原子衰变时，会对包含它的矿物产生微小损伤，不过这种损伤会在一定的温度下恢复或韧化。磷灰石的闭合温度相对较低，为 70℃；锆石的闭合温度则大约为 240℃。所以说，这些岩石本身就携带着时钟和温度计。

> **"不可思议的是……地震原理在某一天给人们研究山脉的起源带来了启发……就如同树上掉下的一颗苹果帮助解释了月球的运动原理一样。"**
> ——查尔斯·莱伊尔爵士,《地质学原理》
> （1830 ~ 1833 年）

喜马拉雅山脉的形成是快速隆升的一例典型。珠穆朗玛峰和周边山脉坐落在一片巨大的花岗岩岩基上。大约在 2000 万年前，它们在 100 多万年的时间内就上升了 20 千米以上，相当于每年上升 2 厘米。这是一个惊人的速度。造成这一现象的原因可能不只是大陆板块碰撞，还有可能是位于岩石圈底部的冰冷而致密的岩石落入地幔后突然爆发形成了西藏地区。现如今，在喜马拉雅山脉的一些地区，隆升还在继续。位于巴基斯坦的南迦帕尔巴特峰仍以每年 1 厘米的速度上升。印度洋的沉积物显示，南亚季风的形成同样始于 2000 万年前，因为大气环流也会受到新山脉的影响。

来自西藏的一片叶子

　　植物的叶子可以用来有效地判断气候。生活在沙漠环境中的植物，叶片都又小又窄，而生活在湿热的雨林地带的植物，叶片都非常宽大，几乎无一例外。叶子的锯齿能让其免受大雨的伤害，所以锯齿的密度也是判断气候的另一指标。来自中国西藏中南部的树叶化石表明，大约在1500万年前经过隆起运动后才生成现在这样的高海拔干燥地区。

　　阿尔卑斯山脉的隆升　　古地中海向西扩张逐渐结束，喜马拉雅山脉正处于上升阶段，这时意大利冲向欧洲板块并形成了阿尔卑斯山脉。尽管这次冲撞也蔚为壮观，但仅形成了一个更易研究的较小的山脉。楔形的沉积物从北到南厚厚地沉淀了下来，中间的上覆岩体出现明显的折叠和扭曲，就像一层一层的奶油。这种褶皱推覆体就像是伸向北方的巨大舌头，将更古老的岩石带到了较年轻的沉积物上，这与地层学的一般规则完全相反。随着沉积物的侵蚀，隆升最快的地方显露出了花岗岩和变质岩的结晶基底。

板块之间的挤压
褶皱区域

19 变质

岩石可以通过喷发或侵入进入地壳，可以在地表或海底经历侵蚀、溶解和再沉积，也可以被抬升为山脊。但这仅仅是一个开始，它们迟早还会被覆盖到地层下，经历挤压、高温和变形，最终产生几乎看不出原有结构的"变质岩"。

对于那些试图探寻早期大陆遗存以及埋藏于其中的生物遗迹的人来说，变质岩是一个着实令人头痛的障碍。有些科学家甚至用"面目全非"来形容这类岩石，因为它们已经杂乱到完全无法辨认的程度。但对于变质岩石学家来说，它们的特殊纹理却是一部详尽的地质历史，可以一直追溯到岩石的形成之日。

受热而不承压　接触变质作用是岩石受热时最简单的转化方式，一般出现在火成岩（由岩浆直接冷却形成，包括花岗岩等）侵入体周围接触变质带中的浅层部位。当四周的岩石（通常是沉积岩）遇到正在冷却的岩浆时，受到高温的作用，就会发生接触变质。

岩石受热的另一个结果是，其中的水分常会被驱赶出去。这些水可能是沉积物中包含的水分，也可能是黏土等含水矿物中化学键合的水。此外，水亦有可能进入炙热的火成岩中，而这会引发另一类局域转变——热液变质。这种转变一般不需要特别高的温度，70~350℃即可发

变质区间　温度和压力条件

120℃	225℃	300~900℃	150~400℃	330~550℃
低压：成岩作用形成沉积岩	低压：沸石	低压：角页岩	高压：蓝片岩	中压：绿片岩

彭蒂·埃斯科拉

芬兰地质学家彭蒂·埃斯科拉（1883—1964）提出了"变质相"这一概念，即无论原石是什么类型，都可以通过分析成岩的条件来判断其变质岩的类型。1919 年，彭蒂·埃斯科拉在挪威进行了变质岩考察，并与芬兰地区的变质岩进行对比。一年后他写出了经典之作，去世后也因此成就享受了国葬的礼遇。

生。在此过程中，组成岩石的矿物晶粒不会受到太大的影响，但新物质可以借此进入它们的间隙，将它们黏合在一起，或是在它们之间形成矿脉。南美洲安第斯山脉的花岗岩侵入体周围之所以能形成世界上最大的铜矿，英格兰康沃尔郡的地下深处之所以会出现瓷土矿藏，都与这种转变作用密切相关。

承压而不受热　冲击变质是另一种可以使岩石瞬间改变的作用。比起地球，这种作用在月球上更为常见。事实上，月球高地上的很多区域都已经被陨石等小天体的撞击改造过了。撞击可以使局部的岩石熔融为玻璃质碎屑，甚至气化。而更常见的后果是冲击变形，即岩石被压得粉碎后又重新被焊合在一起。当岩石受到极强的切应力作用时，譬如在断裂带中，类似的情况也有可能发生，这种作用被称为"动力变质作用"。此时，定向压力很大，但温度却不高。

区域变质作用　大范围内的岩石被深埋在地壳中，在热量与压力的共同作用下发生转变，这被称为"区域变质作用"。迄今为止，大部分

550~700℃	600℃	300~800℃	700~900℃
中压：角闪岩	中压：湿花岗岩的熔点	高压：榴辉岩	中压到高压：麻粒岩

变质岩都是通过这一作用形成的。不同组分的原岩在相似的热量和压力条件下，会产生一系列称为"变质相"的共生的矿物组合。

地质"烹调术" 岩石学家通过近期在高压容器与熔炉中进行复杂实验，并辅之以理论计算，对一定温度与压力下岩石的转变行为已经相当清楚，还能由此推算出岩石在变质的过程中究竟经历了多么残酷的考验！

厨师会根据不同的菜肴选择不同的制作步骤。比方说，你打算制作一份圣诞布丁，于是将混合后的原料放入压力锅，之后脂肪颗粒便会融化，与面粉混合在一起，像水泥一样把水果和柠檬皮包裹起来。而有的甜点师则会选用冰糖做原料，冰糖融化后将其他原材料黏合在一块儿，形成新的结晶形貌。

变质等级 当温度与压力上升时，首先发生转变的是沉积黏土、页岩和泥岩。它们主要由黏土矿物构成，含有大量的水分，受到热量与压力作用时容易发生变化。因此，变质后的泥岩中所包含的矿物可以有效地说明其变质程度。低级变质中，首先出现的矿物是绿泥石。当温度、

大理石

从地质学的角度来看，大理石是一种变质的石灰岩或白云石。大理石中的钙和碳酸镁经过了再次结晶，原本的沉积岩结构几乎完全消失。纯净的大理石为白色，但是铁等元素的矿脉可能会令其颜色变深一些。"大理石"一词更多地使用于建筑学语境，是一种适合雕塑创作的装饰性建材。意大利托斯卡纳区卡拉拉市的白色大理石久负盛名。它在古希腊和古罗马时期广受赞誉，是文艺复兴时期的雕塑家米开朗琪罗最钟情的创作材料，他著名的雕塑《大卫》就是用这种大理石制作而成的。意大利罗马的图拉真圆柱、英国伦敦的大理石拱门以及美国哈佛医学院都可见卡拉拉大理石的身影。

> **变质岩的形成绝非轻而易举的事情。所有地层一旦被埋入足够深的地层中，经过相应的演化时间，就能成为相应的变质岩，无一例外。而一旦发生变质，其原有的结构痕迹将会消失殆尽。**
>
> ——约翰·赫歇尔爵士

压力继续上升时，绿泥石被黑云母替代，接下来是石榴石，顺次类推。页岩通过变质成为板岩，石灰岩通过变质成为大理岩。砂岩中的二氧化硅在高温高压条件下虽具有很好的化学稳定性，但仍可以通过重结晶作用将小晶粒结合在一起，形成石英岩。

变质纹理 变质岩的纹理特征可能完全不同于母岩。压力会使岩石颗粒变得又薄又平。例如，云母晶粒可以沿着垂直于压力的方向定向排布，形成云母片岩。甚至像页岩这种小晶粒的岩石，也可以生长出变质纹理，转变为板岩。页岩初始的沉积纹理转变得如此彻底，以至于板岩的解理（通过劈裂得到层状结构）经常沿着不同于原先的沉积层的角度发生。

当温度与压力逐渐上升时，晶体会被拉长，产生线形纹理。它们还会融化并重结晶，使得分辨原岩是火成岩还是沉积岩都变得困难重重。

高温高压下的改变

20 黑色金子

除了太阳光能，我们使用的所有能源都来自地球本身。来自温泉和钻孔的地热，所有核燃料，我们家中、发电站以及汽车所使用的煤、石油和天然气，以及人类文明赖以生存的种种能源都是地质运动的产物。

10亿年前，甚至更早，生命便已经在地球上繁衍生息，吸收阳光，利用能源，形成复杂的碳氢化合物。很多生物体成了其他生物体的食物，被吞食、消化、排出，其残骸最终埋于地下，渐渐转变成化石燃料。

树木化石　在3亿年前的石炭纪，地球上大片的土地都被森林和沼泽覆盖。巨大的树蕨类和苏铁类植物经过抽枝长叶后，也以死亡分解而告终。这些植物的残留物累积成了厚厚的腐叶土层，随后被深埋于地下，经过挤压，最终变为煤。"石炭纪"之所以得此名，就是因为大量炭质沉积物以煤和碳酸钙的形式存在于石灰岩中。

海底化石　石油的形成需要一些特殊的条件。所幸，这些条件在过去可谓是再平常不过了。第一个条件是要处于充满生命体的浅海。如果一切顺利，当微生物死亡后，它们会沉入一处氧气稀少但可以帮助其分解的地方。在理想的情况下，这里会变成一个类似北海的沉积盆地，那里的地壳会被稍稍拉伸，导致盆地逐渐下陷，积聚更多的沉淀物。最终

大事年表　化石燃料简史

公元前300年左右	1755年	1825年	1908年	1920年
古希腊人对燃煤用于熔铁做了最早的记录	詹姆斯·瓦特为其改良版蒸汽机申请专利，自此煤矿开采量激增	俄国开始了商用原油生产	亨利·福特制造出第一批大规模生产的汽车	美国超过俄国成为世界上最大的原油生产国

有两种结果：其一，有机残余物埋得越来越深，因此所受的压力也越来越大；其二，伸展的地壳下方受热，残余物相应地被加热。沉淀物中存活的细菌或许也是催生石油和天然气的一个重要原因。

石油和天然气就是这样产生的，但同时还需要满足另外一个条件。碳氢化合物的密度低，会从多孔岩石上浮起，所以要想让其积聚在一起，必须将其留在岩石周围。黏土层就起到了这样的作用。盐也可以发挥相同的效应，它的优势还体现在可以从沉积层上浮起形成圆顶状，而这个"圆顶"就会将石油和天然气保留在其下方，墨西哥湾便是这种情况。

提炼石油 石油工业对于我们了解地质情况大有裨益，尤其是在近海相对较浅的大陆架地区。船只上的地震勘查技术可以让声波穿入沉积层深处，揭示出各个沉积层及其内部结构。目前，石油勘探船可以在洋流和大浪中保持固定位置，并且可将定位误差精确到厘米，它们不仅能钻出几千米深的钻孔，而且还能精确地水平移动到每个油气存储腔上方。

碳的存储

为了抑制化学燃料产生的二氧化碳排放所引起的气候变化，一方面政治家们在努力达成共识，另一方面地质学家们也在积极探索新的方法处理电站排放的二氧化碳。其中一种方法是，通过深海海沟的巨大压力将其凝固；另一种方法挪威沿海正在使用，就是将二氧化碳气体重新压回废弃的石油和气井中，这样一来，新的二氧化碳可以回到原本产生化石燃料的位置，甚至还可能有助于石油和天然气的再次产生。

1967 年	1984 年	1988 年	2008 年
北海气田被首度发现	矿业工人罢工重创英国煤矿业，之后矿井关闭	政府间气候变化专门委员会发出燃烧化石燃料后果的警示	原油价格首次超过每桶 100 美元（10 年间升高了 9 倍）

❝ **我们已经步入石油时代的尾声，虽然只是刚刚步入。人类是选择拥抱未来，承认日益增长的多元能源需求呢，还是选择无视现实，缓慢前进呢？无疑，后者意味着落后。**❞

——迈克·宝林，阿科石油公司原主席兼首席执行官
（现隶属英国石油公司），1999 年

　　提炼石油的回报很丰厚，但风险也同样巨大。从近海石油勘探转为深海勘探，风险会更大。其中最大的风险就是井喷——高压油气存储腔中的压力突然释放。理论上，在海底钻孔的上方，油井都配备了价值不菲的精密防喷装置。但在 2010 年 4 月，墨西哥湾的防喷装置并没能起到应有的作用。"深海地平线"海洋钻井平台发生爆炸并沉入海底。该事故导致 11 人死亡，而无法封堵的钻井喷出了数百万吨原油，给原本就很脆弱的墨西哥湾环境造成了灾难性打击。

　　石油峰值　"石油峰值"指的是全球石油开采所达到的最高产能，而后产能就会不断降低。也许我们已经达到了常规石油和天然气的最大开采量，但随着燃油价格的上涨，越来越多的大陆架边缘沉积物开始变得有经济价值，包括沥青砂和油页岩，然而它们包含的碳氢化合物卡在

天然气水合物

　　目前尚有一种碳氢化合物资源没有被广泛开采，即天然气水合物。它是水冻冰块的一种形式，其中大量的天然气（通常为甲烷）被锁在了晶格中。天然气水合物只有在高压低温的环境下才能保持稳定，这就意味着它们只能存在于海底或海底以下的地层。其碳储备是其他所有化石燃料之和的两倍。甲烷水合物可以含纳自身容量 164 倍的天然气，所以，除非有爆炸式的扩张，否则这些气体不会再次释放。过去，暖洋流和浅海水域的天然气水合物容易分解，结果大量的气体释放，造成了气候的变迁。

岩石中很难被抽出。在这种情况下，如果无法将它们掘出并在地上进行处理，那就只能用高压液体冲击使其断裂、变得容易渗透，之后再用蒸汽或其他溶剂的强力析出碳氢化合物。但是这种处理过程对环境无益，而且在开采过程中会耗费大量的能源。

当矿物燃料渐渐枯竭，人类就只剩下两种选择——太阳能（直接使用，或通过生物燃料、风或波浪间接使用）和核能。一直以来，核电站以铀作为燃料。铀虽然可以用上几个世纪，但其本身却是一种有限的地质资源。使用铀的原因可能是早期的核计划还要为军事目的提供钚。另一种可供选择的核燃料是钍，它的储量更丰富，可供使用一千年之久。但最终，我们唯一的选择可能是太阳的能量来源——核聚变。

曾经的生命，现在的燃料

21 地层深处的财富

从汽车到手机，我们生产的很多东西都含有从地下开采的矿物。然而，它们是如何在地层中产生的呢？我们如何找到并提取它们呢？它们的储量能否满足科技文明日益增长的需求呢？

尽管地壳主要由硅酸盐岩石构成，但它其实包含了大量其他矿物，囊括了元素周期表中铀以前的所有元素。如果岩石的成分均匀，那么任何一种矿物质元素的含量都太低，难以提纯和利用。幸运的是，一系列地层运动已经将岩石中的有用矿物精炼到能够进行经济化提取的矿石之中。矿石的严格定义是一种可以开采且有利可图的矿化岩石。但由于市场价格、环境因素以及政治局势的变化无常，"矿石"一词常被用于指代任何具有潜在使用价值的矿物提取物。

地壳大厨 大部分矿床与热岩或岩浆的侵位有关。有时候，矿床会形成于岩浆内部。当花岗岩这样的熔融岩浆冷却时，不同矿物会在不同时间结晶析出并成层沉积。另外，有些熔融的液体彼此无法混合。这种情况会出现在某些含有镍、铜和铂的富硫液体中，它们可能在岩浆房底部析出。

大多数矿床与岩浆体有关。沉积物发源于岩浆，却逐步形成于附近的岩石中。其中的关键是水。随着炙热的岩浆上升，作用于其上的

大事年表 采矿简史

4.3 万年前	公元前 5500 年	公元前 3000 年	公元前 2500 年
在南非斯威士兰首次发现开采赭石赤铁矿的证据	铜矿开采始于巴尔干半岛地区	新石器时代的燧石开采始于英国诺福克郡的格兰姆斯矿井	青铜（多为铜与锡的合金）得到应用，其中可能包含开采于英国康沃尔郡的锡矿

压力得到释放，原先溶解在岩浆里的水分就被喷射进附近围岩的裂缝之中。

热液 热液携带着许多盐分，特别是硫化物。硫化物能与许多金属化合成不稳定物。这些矿物质会随着温度和压力的降低而出现，覆盖在岩石裂缝上，将它们变成矿脉，厚度从几微米到数米不等。其他常与矿石脉伴生但价值较低的矿物被称为脉石矿物，它们能将矿工指引向最富集的矿脉。

热卤为强酸，并会与周边的围岩发生反应，有时会使围岩熔解并取而代之成为矿物。这种矿床有时富含金、银和铜。花岗岩岩浆与石灰岩这样的碳酸盐岩接触的位置会发生大量化学反应，并生成所谓的硅卡岩矿床，硅卡岩矿床可能富含铁、铜、铅、锌和锡。

稀土

人类日益发展的技术文明越来越依赖于某些矿物元素，而其中一些矿物原本就稀少，或难以提取，或供不应求。高性能磁铁、激光、太阳能电池、特种玻璃、显示器和触摸屏都使用了不同寻常的矿物元素。最稀缺的要数铂族金属，它们在全球范围内都极为稀缺。所谓的稀土元素，例如用于风力涡轮机中磁铁的钕，虽然不像铂族金属那么稀有，但只能在少数地方开采。未来需要发现新的矿源，不管是常规开采也好，新提炼法也好，都需要新的矿源——也许是从海水中寻找，也许是在回收的废品中提炼。最终，我们可能还要将目标投向太空，对小行星进行开采，它们的某些金属含量极为丰富。

公元前 1400 年	公元前 700 年	公元 100 年	1709 年	2007 年
铁制匕首作为珍贵陪葬物出现在埃及法老图坦卡蒙的墓葬中	英国进入铁器时代	罗马帝国时期采矿业迅速发展	亚伯拉罕·达比建造了首个以焦炭为燃料的高炉	智利丘基卡马塔铜矿成为全球产铜最多的矿场

在靠近地表的位置，围岩中的地下水会被加热并灌入矿物质中。这种矿床的硫化物矿石含量较低，酸性也较弱，但仍然能使金、银、铜、铅和锌沉积。它们被称为浅成热沉积。

海洋中的宝藏 海水从海洋地壳的岩石中渗透而过。当海水遇到炙热或冷却中的岩浆时，会穿过岩石裂缝和裂隙，以热液喷口或黑烟柱的形式出现在海底，然后开始溶解岩石中的矿物。此时的海水富含铅、锌和铜等的硫化矿物。随着矿物质释放到海洋中，热水温度会突然降低，不能再溶解所有的矿物，然后就会变为"海底黑烟"沉淀析出。热液喷口附近会形成一系列精美的烟囱，并塌缩成厚厚的硫化矿物沉积。通常，这些物质最终会和旧的海洋地壳一起俯冲回到地球内部，但偶尔也会被保留在陆地上。塞浦路斯便是这样一例典型，自青铜器时代起，这里就已经在开采含铜硫化物矿床了。

> ❝上有丹砂者，下有黄金；上有慈石者，下有铜金；上有陵石者，下有铅、锡、赤铜；上有赭者，下有铁，此山之见荣者也。❞
>
> ——管仲（公元前 723 年—公元前 645 年）

淘金热

大自然有时也会参与采矿过程。黄金是少数天然形态为化学纯净物的金属之一，但它通常零散地分布在大量的岩石中。幸运的是，随着这些岩石的侵蚀，河流和小溪会过滤去岩屑，并将致密的金粒富集成所谓的砂矿。采矿者在淘洗沙子和砂砾中的黄金时实际上也是在继续这一过程。19 世纪美国著名的加利福尼亚和克朗代克淘金热锁定的目标就是这些砂矿。

肥沃的土壤 还有最后一种矿床能远离岩浆热而最终形成。它需要的只是温暖、潮湿的热带气候，以及一层厚厚的土壤。这些条件能使表土层产生酸性水，对土壤矿物质产生化学侵蚀，溶解和去除很多土壤矿物质，并使富含某些金属的土壤矿物质富集。英国肯特郡威尔德地区的铁矿床就是于 1 亿年前在这样的条件下形成的，而今天形成的热带地区红土型矿床也是这个成因。矾土矿是一种富含铝的红土，一直是铝的主要来源。

侵入的热能和地下水带来丰富的矿藏

22　地层中钻石的秘密

钻石不仅是女孩的最爱，而且也备受地质学家的青睐。这种晶格中最坚硬的物质最初来自地幔，经过30亿年的岁月形成了神秘的钻石。

同煤烟和石墨一样，钻石也是由碳构成的。但高压将化学键重整成了三维的晶格结构，使它们无比坚硬和透明，用正确的方式切割时就会灿烂夺目。有时，少数氮原子取代了晶格中的碳，就会形成黄色的钻石。硼会导致钻石呈现蓝色，辐射造成的损伤会导致钻石呈绿色，剪应力的作用会形成棕色、粉红甚至是红色的钻石。

形成中的钻石　碳形成钻石需要非常高的压力，通常是地下130~200千米深处的压力。然而最适合钻石形成的温度是900~1300℃，这个温度对上述深度来说就有些低了。压力和温度的正确组合存在于古老大陆底部的岩石圈中，地球上大多数钻石是在这里发现的。

超音速喷发　要将钻石从那样的深度带到地表需要有非同寻常的事件发生。许多火山的根基可能都在地表以下5~50千米，熔融就在这里发生。但是金伯利岩火山则要深得多，其岩浆源自钻石所在的深度。历史记载中没人亲眼目睹过金伯利岩火山的喷发。那应该是非常壮观的一幕，但你不会想要离得太近，因为来自那种深度的岩浆在地表释放时就

大事年表　巴西钻石源远流长的历史

25亿年前	22亿年前	13亿年前
微生物吸收二氧化碳，死后聚集在沉积物中	富含碳的沉积物与古老的海洋岩石圈俯冲至地幔中	下地幔深处，碳开始结晶成为钻石

祖母绿

祖母绿在硬度和价值方面虽然不及钻石，但它同样坚硬无比又价值不菲。祖母绿是硅酸盐矿物绿宝石的一种，微量的铬和钒赋予了它颜色。绿宝石经常发现于伟晶岩中——花岗岩侵入结晶的最后部分。这种晶体的体积可能非常大，马达加斯加发现过一块18米长的绿柱石晶体。如果热液中含有铬和钒的话，绿宝石就会形成绿色的祖母绿。许多矿床就是这样形成的。但是在哥伦比亚，质地上佳的祖母绿出现于黑色页岩中，构造压力在这里将富含铬的水挤压进岩石中。不同来源的祖母绿都有自己的氧同位素标记。正是这个标记帮助考古学家发现，古罗马的一对祖母绿耳环竟然源于巴基斯坦的斯瓦特河谷！

像是剧烈摇晃过的香槟拔掉了软木塞一样，炙热的岩浆会以超音速喷射出来。

钻石并非经常发现于火山顶部，即便它们曾经存在于此，也早就消失了。一些最大的钻石矿都位于曾经爆发过的火山的火山筒内。火山筒状似胡萝卜，可以达数千米深、数百米宽。著名的南非金伯利岩钻石矿（金伯利岩火山就是以此命名的）喷发于1亿年前，侵蚀作用使得地面下降了大约1千米，火山筒可能下降得更深。钻石本身已经有10亿多年的历史了，有的甚至超过了30亿年。并非所有的金伯利岩火山都含有钻石，而含有钻石的矿山也并非都有开采价值。要获得一颗钻石必须粉碎许多坚硬的岩石，但它们价值连城，值得如此兴师动众。

2亿年前	1亿年前	今天
一个携带钻石的地幔柱升到上地幔	钻石随着金伯利岩火山喷发来到地面	钻石被开采、切割并抛光成为人类的装饰品

钻石切割

钻石是人类已知最坚硬的物质，非常难以切割！幸运的是，它并非在所有方向上都表现出同样的坚硬程度。一旦晶体轴被确定之后，人们就能用带有小钻石的锯刀或磨刀石来切割钻石、抛光刻面。自 14 世纪起，人类就已经开始切割钻石，但在今天，钻石的切割仍是一个高科技行业。全世界 90% 的钻石都在印度古吉拉特邦的苏拉特进行切割。通常，计算机建模会对未经加工的钻石进行分析，确定其晶体轴和杂质，并计算如何获得最有价值的切割钻石。激光也越来越多地用于辅助切割。

有机钻石 形成钻石的碳有两大来源，这两种来源所含碳同位素（碳 -12 和碳 -13）的比例不同。地球的地幔含有更多的碳 -13。但是有的钻石包含的同位素轻碳更接近于海洋生物体中发现的碳。因此，确切说来，这种碳经过生物体的碳循环，混合在海底沉积物中，然后俯冲回地幔中形成了钻石。

钻石中的讯息 珠宝商们喜欢完美无瑕的钻石，但地质学家们却喜爱瑕疵品。地质学家能描绘出钻石形成时所夹杂的矿物，也常常用它们来确定钻石形成的年代，并揭示钻石当时所在地层的深度。因此，再现一颗钻石的生命轨迹是可能实现的。

> **钻石不过是一块煤，由压力精工制成。**
> ——亨利·基辛格

美国华盛顿卡内基研究所的史蒂夫·肖利教授及其同事多年来切割了数以千计的钻石，来抽样检测它们夹杂的矿物。近来，他们发现所有超过 35 亿年历史的钻石都只含有地幔碳，来自海洋沉积物中的有机碳的出现时间在此之后。因此他们得出结论，这个时间标志着海洋地壳第一次俯冲的开始，也标志着促使大陆漂移的威尔逊旋回的开始。

深成钻 有时，钻石内部携带的矿物质显示其来自于比大陆岩石圈更深的地方。有些钻石甚至包含源于下地幔的高压钙钛矿物质。巴西一处矿井中的钻石不仅携带 660 千米深度的下地幔标记，而且包含了有机碳的轻碳同位素。它的出现为整个地幔循环提供了首批直接证据之一：沉积物中富含碳的海洋地壳俯冲至下地幔基部，并最终为白垩纪的一场地幔柱喷发贡献了喷发物质，该地幔柱位于今天的巴西（参看大事年表）。

晶体在高压之下的历史

23 岩石循环

没有哪块岩石或陆地可以自成一体、独立于其他事物之外。本章将介绍地表上面的情况，包括大气和海洋的活动原理。岩石循环就是岩石、大气和水共同作用的产物。任何出现的事物终会回归尘土。地球就是一个周而复始的回收中心。

我们已经了解到，经过循环，坚固的地幔中的一部分会熔化形成地壳。我们也知道海洋地壳是如何与其上的一些沉积物俯冲回地幔的。现在我们来学习一下陆上与海底之间发生了什么。空气、水、热量乃至生命本身都在不断循环，而人类最终也要回归这些循环。本章将探讨影响地球自身物质的岩石循环。

赫顿的惊人想法　詹姆斯·赫顿是率先认为陆地与海洋都在进行循环运动的人之一，因此被冠以"现代地质学之父"的称号。1785 年，他首先描述了这样一个循环过程：陆地上的沉积物受到侵蚀，形成泥沙后被搬运到海洋中，继而在海底积聚、硬化成岩石，最后被抬升起来再次受到侵蚀。他认识到，这一循环必定包含不易在地表发现的过程，而且需要经历很长的时间，甚至比神学家认为的还要长。他的这一想法在当时很超前。

火成论　赫顿在岩石循环方面的想法与他坚信的"火成论"息息相关。所谓"火成论"是指很多岩石（如玄武岩和花岗岩）都曾经是熔化

大事年表

1679 年	1776 年	1779 年	1788 年
罗伯特·胡克表示诺亚洪荒仅有 150 天，如此之短的时间内不可能形成那么厚的化石地层	詹姆斯·基尔宣称巨人岬是熔化的岩石在冷却后形成的	布丰伯爵认为地球至少有 7.5 万年的历史	詹姆斯·赫顿发表了《地球理论》

詹姆斯·赫顿

取得了医学博士学位后，詹姆斯·赫顿（1726—1797）回到了他的家乡爱丁堡，开始在附近地区务农。42 岁时，他卖掉了当时获利颇丰的农场，返回城市，成了爱丁堡哲学学会的一名活跃分子，该学会后来成了爱丁堡皇家学会。他在学会中学习了地质学和化学，并且在 1788 年发表了他的经典著作《地球理论》（*Theory of the Earth*）。

在书中，他提出了地质循环的概念，并明确提出这是一个循序渐进的过程，而且需要相当长的一段时间。他还发现了热量和压力在循环中的作用，并最终成为坚定的火成论者，坚信岩石（如花岗岩）不是因为沉淀而成，而是由熔化的岩浆而来。

的岩浆。这一观点引起了"水成论"支持者的质疑，他们主张所有的岩石都是在水中沉积形成的，强调水的沉积作用。赫顿最先提出，如果岩石在地下埋藏得足够深，则三种类型的岩石，即沉积岩、火成岩和变质岩，都会熔化。他还进一步提出，熔化的岩石将会上涌，通过火山口喷发或侵入埋藏较浅的岩石中，而后形成山脉。

与干燥无风的月球表面不同，地球表面的岩石极少在其所处环境中保持风平浪静的状态。这些岩石在被抬升、推举至山脉中后不久，空气、冰和水就又开始侵蚀它们，让其逐渐分解、沉降。下一章中我们将更加详细地了解这些物理机制产生的结果。

岩石循环中的化学过程 岩石循环的关键过程之一并非是物理过程，而是化学过程。二氧化碳溶解在雨水中，使雨水呈弱酸性并与玄武岩等岩石中的矿物质发生反应，生成黏土矿物。水也会被纳入它们的

1797 年 詹姆斯·霍尔爵士证明了熔化的物质可以结晶出火成岩

1807 年 英国伦敦地质学会成为致力于新学科研究的第一个组织

1830 年 查尔斯·莱伊尔在《地质学原理》（*Principles of Geology*）中表示，地球必定已存在了亿万年之久

1964 年 图佐·威尔逊在岩石循环中加入了板块构造的内容

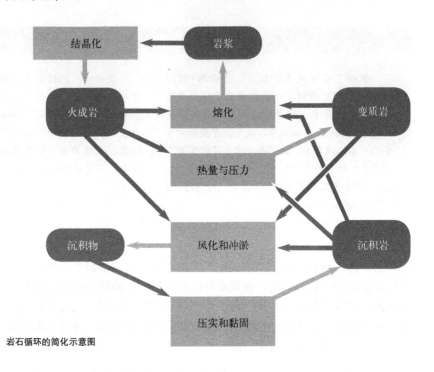

岩石循环的简化示意图

> **我们并不认为世上存在什么强大的力量，即在瞬间完成巨大变化需要的那种力量。在自然界中，我们发现这种沧海桑田的剧变从不缺乏时间，力量也无极限。**
>
> ——詹姆斯·赫顿

构造中，在后面循环的地质构造运动中起到润滑作用。此类化学侵蚀还会改变大气的构成，导致新的山脉在崛起后，大气中的二氧化碳马上就会减少。

水在岩石循环中起着关键的作用。它能溶解二氧化碳，产生化学风化中需要的碳酸。它能侵蚀质地较软的沉积物，还能溶解可溶性的矿物质。水形成的冰会在裂缝中膨胀而使岩石碎裂，形成的冰川会碾碎岩石。水能将沉积物带到易于积聚的地方，随后通过润滑作用将这些沉积物顺利送入地球内部，降低其产生的岩浆的熔点。

不整合面

赫顿的想法是建立在观察的基础之上的。他走访了苏格兰的几个地方，这些地方现在被称为"赫顿的不整合面"。一开始是阿伦岛，因为那里的寒武纪片岩已经变形，所以岩层几乎是垂直的。这些片岩层随后便被年代稍近的水平砂岩层侵蚀和覆盖了。赫顿之后在杰德堡附近发现了更明显的例子，并在书中描述了他是如何"被在地球的自然历史中有着重大意义的事物绊了一跤，然后为自己的这份好运气感到欣喜万分"。这类不整合面证明了历史上曾经有过数次连续的循环——从抬升到侵蚀，再到沉积。

石头的形成　"岩石"的定义很宽泛，甚至一些沉积物也可以称为岩石。实际上，被侵蚀、冲刷下来的泥土、沙土和砂砾最终形成沉积岩的过程是渐进而缓慢的。从本质上说，该过程代表岩石中的孔结构崩溃了，或是因为上面的沉积物的挤压，或是因为孔隙被将颗粒黏结在一起的新化学物质填满时的胶结作用。化学胶结物可以从沉积物本身产生，也可以从其他来源渗入，这个产生或渗入的过程被称为"成岩作用"。

当然，岩石循环并不是一个简单的周期循环。三种基本类型的岩石——沉积岩、火成岩和变质岩，都可以被抬高和侵蚀。它们都可能被埋藏并被热量与压力改变，并且都会有一部分被熔化。

威尔逊旋回　20世纪60年代，图佐·威尔逊结合他关于板块构造的新想法，进一步发展了岩石循环理论。他将地幔对流并入了岩石循环的续发事件中，深化并完善了地幔中的板块俯冲和岩浆产生的循环。

周而复始的岩石循环

24 雕刻地貌

每块石头都蕴含着一个故事，讲述了石头的形成、构造和历史。岩石及其所在的地貌还会告诉我们，它们之所以会形成我们眼前的地形地貌，是因为经过了各种力的侵蚀和雕琢。自然地理学能告诉我们地貌形成的相关信息。

太阳能 太阳几乎是所有侵蚀地球表面的过程的终极动力。是太阳能让大气产生循环，从而产生风。日光可以让水蒸发，蒸发的水又形成了云，云落下来变成了雨或雪，补给河流和冰川。因为太阳而上升的水分最后又因重力而落下，降落的水因为重力有了切割的力量，让岩石倾倒、崩塌，然后将岩石的碎屑带到峡谷、盆地和海洋中的最低处。

侵蚀速率 水分被抬升得越高，降落的速度也就越快。在通常情况下，形成时间较短的多山地区的侵蚀速率较快。究其本质，侵蚀的速率取决于两个方面——风化速度和输移速度。风化分为物理风化和化学风化。在化学风化的过程中，弱酸性的雨水会溶解岩石，如石灰岩，或者与硅酸盐发生反应产生黏土。这一现象容易发生在岩石裂缝和裂纹周边，并且还会进一步导致较大的碎片脱落，从而造成物理侵蚀。

水能 物理风化中作用最大的就是水，尤其是当水转化为冰时，风化作用就更为显著。水被冰冻时体积会膨胀，所以狭窄裂缝中的冰就会

大事年表　美国大峡谷

20亿年前	10亿年前	5亿年前	2.8亿年前	2.3亿年前
峡谷中最早的岩石开始形成	在该地区的陆地上，"大不整合面"（Great Unconformity）开始形成并受到侵蚀	不整合面已形成，海洋沉积物回到海洋	二叠纪。因风吹堆积的沙丘在陆地上形成	峡谷中形成时间最短的沉积石灰岩出现

起到楔子的作用，让坚硬的岩石分崩离析。至于较大规模的水能影响，要数具有惊人力量的冰川中的冰，其途经之处能够开辟出宽阔的峡谷，还能够在转瞬间将岩石碾为泥土。奔流的山涧溪流也会同样快速地将这些岩屑输移。因此，侵蚀的程度取决于风化的速度，进而形成一片岩石裸露的、荒芜的地貌。

在侵蚀受到输移率限制的地方，沉积物易于积聚。正如在最后的冰河时期一样，输移的速度无法赶上风化的速度。如今大量的沉积物堆积在北半球的众多河流之中，它们是由冰融化、消退后留下的疏松的固结物质构成的，由于质地较软，很快就会被侵蚀。

> **在科学界，自然地理学和地质学是不可分割的双生子。**
>
> ——罗德里克·默奇森爵士于 1857 年英国皇家地理学会周年纪念大会上的讲话

一粒沙子的故事

有人穷尽一生都在研究一粒粒沙子的故事！任何简单的论断都可能是错误的，如"圆形的砂砾是被风吹来的，而有棱角的颗粒则是被水带来的"，这种观点就是错的。颗粒的圆整程度在很大程度上取决于它们先前运动的时间。不过，风吹来的颗粒确实会更快变得圆整。在显微镜下观察，这种颗粒表面的坑洼更细小，或者呈雾状，没有光泽。水会在砂砾的碰撞过程中起到缓冲作用，而风则有助于给颗粒分类，较之粗大的颗粒，细小的颗粒会被吹得更远。通过测算地球表面石英颗粒暴露在宇宙射线下的时间，可以估算出砂砾跨越南非的纳米布沙漠需要花上 100 万年的时间。

1700 万年前	530 万年前	3200 年前	1919 年
据推测是西峡谷开始形成的时间	加利福尼亚湾打开，加速向下侵蚀峡谷。东西峡谷接通	普韦布洛人占据了该地区	大峡谷成为美国国家公园

土壤　无论沉积物在陆地上的何处积聚，该处都会逐渐形成利于植被生长的土壤。相应地，植物会使土壤稳固，减轻雨水和活水的影响，从而减少侵蚀。但与此同时，植物的根系会分裂底层土壤或松动固结的岩石。腐烂的有机物还会产生腐殖酸，从而加强化学风化。

植被一旦因为火灾或农耕被清除，侵蚀的速度就会急剧加快。20世纪二三十年代，这种情况就发生在美国某些地区。当时人们尝试在一些边缘土地大规模发展农业，导致该地区风沙肆虐，最终造成了数十亿吨的土壤流失。

风能　在荒芜的陆地上，岩石既没有水也没有植被的保护，风成了这里的主宰。风会卷起砂砾，典型的沙漠就是风用砂砾慢慢雕琢出来的地貌。单颗沙粒无法在空中停留过久，所以它们以一种叫作"跃移"的方式移动——砂砾进行的是跳跃式"短途旅行"。但是每当这些砂砾落到地面上时，都会将另一批颗粒撞入风中。因此，风力侵蚀在靠近地面的地方影响最大，会对岩层产生底切作用。

地貌特征　侵蚀的开始取决于降雨和砂砾的规模，但它雕刻出来的地貌特征都蔚为壮观。冰和水切割出的山地地貌有着典型的差异。冰川会切割出宽广、深 U 型的山谷，山谷的两侧呈凹形且转弯处较为缓和。当较小的冰川汇入时，两条冰川顶部表面取齐，而不是两条山谷地面

大峡谷

美国的大峡谷也许是世界上最为壮观的侵蚀地貌了。基督教原教旨主义者称大峡谷是《圣经》中的洪灾造成的，但地质学家们认为大峡谷已经存在了数百万年之久。从方解石洞穴的沉积物来推断，大峡谷可能早在 1700 万年前就已经开始形成。大峡谷长 446 千米、宽约 30 千米、深 1800 米，是 20 亿年之久的沉积物经过侵蚀的产物。科罗拉多河贯穿其中，由此可见流水强大的切割力量。

> **多元因素共同造就了美国大峡谷丰富的自然奇观，使其成为世界上最令人叹为观止的地貌。**
>
> ——约翰·韦斯利·鲍威尔，1869 年完成首次大峡谷旅行后的讲话

取齐，因此在大山谷的两侧出现悬空的小山谷。冰体还可能被挤压着向上移动，这会进一步侵蚀、加深冰蚀谷的深度，进而在谷底留下湖泊和峡湾。

与冰蚀山体相反，水蚀河谷呈 V 字形，两侧笔直或凸出。因为水能灵活转弯，所以河谷中可能会出现较湍急的弯，并且每侧会有重叠的山嘴。湖泊和瀑布会出现在具有这些特征的地质环境下。但是由于水始终向山下流，所以水对流经地的侵蚀程度不会过深。

地貌的演变　1899 年，美国地质学家威廉·莫利斯·戴维斯发表了自己的侵蚀旋回观点。他提出，陆地被抬升之后经历的几个阶段分别是幼年期、壮年期和老年期。他认为处于幼年阶段的陆地有着高高的山峰和窄深的山谷；到了壮年期，山谷会变得更为开阔；而到了老年期，陆地则变成了地势较缓的平原。虽然教科书中仍在沿用这一理论，但是以当今眼光来看，这一理论显得过于简单。每一种地貌特征都是地质环境和作用于其上的力的产物，都有着自己独特的故事。

周而复始的循环

25 渐变论和灾变论

我们脚下的地球看上去坚实稳固、亘古不变，但是从地质年代的角度来看，其循序渐进的改变甚至可以移动巍峨的山脉。而飓风、地震、洪水以及火山喷发会带来更剧烈的改变。那么，地球这颗行星究竟是灾变的产物，还是经年累月变化的结果呢？这一话题在18世纪时引发了激烈的论战，至今尚无定论。

圣经中的灾难　18世纪前，所有科学家在早期都接受过神学教育。教会在学术领域是至高无上的权威，他们坚定不移地认为，乌歇大主教根据《圣经》中年代的描述所推算出的地球产生的时间是准确的，即地球形成于公元前4004年。风化和输移作用要通过日积月累使岩石沉淀并塑造出地貌，显然这一过程无法在短短6000年中完成。那么唯一的可能就是发生过破坏性极强的灾难，而这一想法与《圣经》中的一些故事不谋而合，如诺亚的洪水。

最先主张灾变论的是法国男爵乔治·居维叶。他是一名解剖学家，对地质的了解仅限于巴黎盆地。但是，不同岩层中蕴含着不同化石，有些岩层会向其他岩层倾斜，这些现象却给他留下了深刻的印象。于是他对《圣经》的时间标尺产生了质疑，因为没有剧烈的隆起就无法出现如此翻天覆地的变化。但是他没有提出任何原理或给出任何理由来解释为什么有可能发生过这样的灾难。

大事年表

1654 年	1787 年	1796 年
乌歇大主教提出地球形成于公元前 4004 年	亚伯拉罕·维尔纳提出了岩石水成论	居维叶男爵提出了灾变论原理

岩石水成论 居维叶男爵也是岩石水成论的支持者。该理论是亚伯拉罕·维尔纳于德国提出的。同样表示支持的还有作家歌德。水成论指出，包括玄武岩和花岗岩在内的所有岩石都是在原始海洋中沉积形成的。该理论的支持者认为，有时会在高山上发现的化石通常都是海洋生物体的化石，他们坚信地球上曾经有过一片特别广阔而幽深的海洋。也许当时整个地球都是由水构成的，而固态的物质则是沉淀而来的。

均变说 赫顿在《地球理论》（1788 年）中所说的"均变说"是地质学家提出的最接近基本地质规律的原理。几年后，另一位苏格兰地质学家阿奇博尔德·盖基男爵用一句话简洁地概括了该理论的核心思想，即"现在是开启过去的钥匙"。换句话说，可通过观测地球上正在发生的地质作用来推断地质记录中古代成岩的过程。

> **"现在是开启过去的钥匙。"**
> —— 阿奇博尔德·盖基男爵，
> 1865 年

乔治·居维叶男爵

居维叶（1769—1832）于 1795 年来到巴黎，随后发表了一篇文章，通过把猛犸象遗骸化石和当时被人们称为"俄亥俄动物"的化石（后被确认是乳齿象），与非洲象和亚洲象的头骨进行了对比。他确认这两个化石分属两种不同的、已经灭绝的动物。物种灭绝的可能性一开始并没有被大众广泛接受。解剖研究显示这两个物种之间存在明显的差异，但是由于尚未发现介于两者之间的化石，居维叶否决了进化论的想法。因此，他相信仅有灾难才会造成物种的灭绝和形式上的变化，反对均变论者的观点。

1788 年
詹姆斯·赫顿出版了《地球理论》，提出了渐变论和火成论

1830 年
查尔斯·莱伊尔出版了《地质学原理》

1865 年
阿奇博尔德·盖基男爵说出了"现在是开启过去的钥匙"这句名言

> **❝ 我们既看不到开始，也看不见终点。❞**
>
> ——詹姆斯·赫顿，《地球理论》，1788 年

乍看之下，岩石似乎是世界上最恒定、最持久的事物，但仔细观察一下就会发现，我们的身边随处可见这样循序渐进的变化，比如经过一夜大雨冲刷的泥块，退潮后留下的一行沙子。整个地球发生变化需要的就是时间，千百万年的时间。当你突破乌歇大主教所界定的时间限制时，一切皆有可能。

渐变论　均变论或渐变论是另一位伟大的英国地质学家查尔斯·莱伊尔提出的理论。他在 1830 年出版了一部伟大的著作《地质学原理》，该书的副书名就清楚地表明了他所支持的论点：试以现在仍然在发生的各种地质作用来解释过去地球表面的各种变化。莱伊尔坚信渐变需要相当长的时间，这一观点也为他的朋友查尔斯·达尔文强调自然选择的进化论提供了发展背景。

新灾变论　经过漫长地质时间的渐变可以让很多事情变得明朗。但是，每一天都不尽相同。某一天是晴天，但第二天却下起了雨。地球上每隔几年就会发生一场灾难性的风暴或是严重的洪涝灾害。地震、火山活动也从来没有中断过，但每隔几个月我们就会听说某处发生了破坏性极强的地震，而每过几千年就会发生超级火山喷发。小规模的地质活动稀松平常，而大规模的地质运动则比较稀少，虽说稀少，但也仍在发生。好莱坞电影或科学纪录片中的地质灾难有时候过于夸张了，但是重大地质灾难仍会对地球产生着影响。灾难在短短几小时内留下的破坏痕迹比灾难前后没有记载的渐变影响要清晰得多。

如果我们追溯到久远的地质年代，世间万物并非始终如一，地质的变化也远不止渐变这么简单。历史上，地球的气候乃至大气的构成也都经历了变化。地球有过极寒和酷热。生命改变了海洋，而后向陆地发展

查尔斯·莱伊尔爵士

查尔斯·莱伊尔（1797—1875）是同时代地质学家中最具影响力的一位。他出生于苏格兰，受到了大卫·休谟的苏格兰启蒙运动的影响。该运动为赫顿的"均变说"提供了哲学上的支持，而"均变说"正是莱伊尔在其《地质学原理》中大力拥护的学说。1830 年至 1833 年，他的《地质学原理》共出版了 3 卷，被推崇为经典教科书。查尔斯·达尔文在乘"小猎犬号"航行期间就携带这套书在身边，用来解释沿途的一些地质发现。尽管莱伊尔很难接受进化论，但他们二人还是成了亲密无间的朋友。莱伊尔不断地对自己的著作加以完善，《地质学原理》至少出版了12 版。

并繁衍生息！渐变仍在继续，但是渐变发生的条件已经与 10 亿年前完全不同了。

物种灭绝 化石记录清楚地表明地球曾经突发过一些重大灾难，从而导致三分之一甚至二分之一的物种灭绝。无论是小行星撞击、火山喷发、磁场逆转、宇宙射线的轰击还是气候的改变，这些灭绝事件对于当时的生物来说都是重大灾难。正如地质学家德里克·埃哲所说，这种经历就好比士兵的生活——长时间的百无聊赖加之短时间的恐怖惊骇。

现在是开启过去的钥匙

26 沉积作用

地球表面的岩石只有薄薄一层，构成了不到10%的地壳。沉积岩是最常见的岩石类型，常用于盖房铺路。每一块岩石的形成都有一段故事，我们可以像阅读一本有趣的书一样来玩味这本"岩石之书"。沉积岩是继火成岩和变质岩之后的第三大岩石类型。

如果要为岩石圈循环指定一个终点的话，那么沉积岩的形成就是这个所谓的"终点"。被碾碎或溶解的山脉残余物质，甚至是动植物的遗体都能构成沉积岩。

沉积类型　人们通常会参照其来源、成分和结构来给沉积岩分类。目前普遍存在的是碎屑岩，即由侵蚀后的岩砾或碎块所构成的岩石。它们的成分大多是硅酸盐，而硅酸盐则主要由常见的耐腐蚀石英构成。长石是玄武岩经过化学性风化后形成的黏土质矿物，也是沉积岩的常见组成部分。

非碎屑沉积岩可能是有机岩或化学岩。有机岩包括褐煤、石炭和石油、壳岩和由钙质微生物骨骼组成的石灰岩。化学岩包括盐岩、石膏、硬石膏和浅海或洞穴中沉淀的石灰岩沉积物。

沉积环境　我们还可以从沉积岩中看出它的形成环境。环境的能

大事年表　伦敦下方地层的沉积岩层

4.2 亿年前	1.3 亿年前	7000 万年前
志留纪岩石深藏在地层深处	重黏土沉积出现在缺少氧气的深水中	厚厚的白垩岩沉积物沉淀在温暖的浅海中

碎屑岩的分类

碎屑沉积岩是按其内部的颗粒大小来划分的。颗粒大小超过 2 毫米的是砾石，颗粒大小在 0.065 到 2 毫米的是砂粒，而颗粒更小的则属于泥土。泥土可以进一步分为淤泥和颗粒最细腻的黏土。在胶结为岩石的砾石中，卵石圆整的称为细砾岩，卵石带棱角的称为角砾岩。固结砂是砂岩，而固结的泥则是泥岩。砂粒和砾石可以按粗、中、细进一步划分，也可按硅土的含量分为长石或有机物质。

量就是其中一个参量。水流湍急的河流和浪花拍岸的海滨都是富含能量的环境。平静的湖泊、泥沼和海洋深处都属于能量较低的环境。能量降低时，例如河流在冲击平原处流速减慢，颗粒稍大的岩砾便不能继续输移，首先是砾石，然后是砂粒，最后是泥土。

有些沉积岩则在陆地上沉积。最常见的是风积岩，它的岩粒已经经过了分选。此外还有冰成岩，这种岩石包含大小不一的岩粒，大到卵石，小到黏土，不一而足。其他陆地沉积物有泥炭，它可以胶结或被压缩成褐煤甚至石炭。

三角洲和沙丘 河水在流向大海时会淤积大量的沉积物，其流动的能量也会下降。河流三角洲可以绵延数百平方英里，形成数千米厚的沉积物。通常沉积物会堆积在水平岩层中，但也有例外。当它们受到侵蚀并重新沉积时，在斜坡面下会形成角度较低

> **反复观察后，我确信，大理石、石灰岩、白垩岩、泥灰岩、黏土、砂粒乃至陆地上其他所有的物质，无论处于什么位置，都充满了海洋中的贝类和其他物质。**
>
> ——法国博物学家布丰伯爵，1749 年

5500 万年前	4500 万年前	50 万年前
河口、湖泊和海洋沉积物的砂粒和淤泥先后沉淀下来	浅海中形成厚厚的伦敦黏土沉积物	前进中的冰川令泰晤士河改道流向今天的河谷，留下了砾石沉积物

的岩层。河流三角洲和陆地上的沙丘都可能出现这种情况，由此产生连续的、带棱角的地层，也就是交错层。

海侵 海平面会上升或下降，陆地会抬升或沉降，这会导致沉积环境发生一连串变化，而且会反映在不同的岩层中。海岸线逐渐向内陆地区推进而沉积物下沉到海水深处的过程称为"海侵"，海水逐渐退去而沉积物位置逐渐上升的过程称为"海退"。如果内海干涸，会遗留下化学蒸发岩沉积堆，如岩盐和石膏。

沉积盆地 有时候地壳构造的作用力会延伸至地壳，使之变薄。相应地，这会导致地壳下陷，海水填入下陷的地壳，留下沉积物。在沉积物的重压下，这片凹陷的盆地会继续下陷，最终形成恶性循环，让这里的沉积层厚达 10 千米。

> ❝ 岩石就是它们自己诞生过程的记录。它们仿佛是一本一本的书，虽然使用的是不同的字母和词汇，但是你可以掌握读懂它们的方法。❞
>
> ——美国作家约翰·麦克菲

由于受到了延展拉伸的作用力，岩石圈会逐渐变薄，这就使得灼热的软流层离沉积层越来越近，沉积物也慢慢受热。这一过程有助于石油和其他碳氢化合物的成熟。北海便是典型的一例。

另一种沉积盆地与洋底俯冲作用有关。当海洋地壳在大陆边缘俯冲时，沉积物会被刮擦下来，形成增积岩

成岩作用

沉积堆一旦出现，一系列后续的变化就会发生。随着一层又一层的沉积层堆积，沉积堆就会发生扭曲、压缩和胶结，这一过程就是成岩作用。水占据了黏土体积的 60%，当这些水分被挤压出去后，黏土常会被压缩成细密紧致的层层页岩。如遇碳酸钙，黏土就会胶结为坚硬的含钙质泥岩。挤压会导致砂粒分解，然后在一定的空间中彼此紧挨，再次沉淀，最终形成坚硬的砂岩。

体，在岩体后圈出一块浅浅的盆地，大陆沉积物会在这个盆地中越聚越多。这就叫作"弧前盆地"。与此同时，陆地边缘的火山口会对陆地造成压迫，沉积物会在山脉后逐渐积聚，形成一个浅盆地，这就是"弧后盆地"。

深海沉积物 深海远离陆地，那里进行的沉积过程要缓慢得多。在 4 千米以下的深海，碳酸钙会因为水的压力溶解在海中，因此石灰岩无法在深海中形成，而且钙质微生物的骨骼历来无法到达深海，但以硅质为主要成分的骨骼则可以。

将历史写入特定时期的地层中

27 海洋循环

海洋覆盖了地球表面的71%，包含了地球上97%的水，因此海洋是了解地球表面动态过程的关键。海洋最上层2米深的海水中所包含的热量超过了整个大气层中的热量，而洋流中的热量循环在控制和调节全球气候中起着至关重要的作用。

科里奥利力　表层海水的流动在一定程度上受季风的影响。根据牛顿的力学原理，任何运动中的物体总是努力保持直线运动，但是在自转的地球表面却无法做到这一点。当运动中的物体试图保持直线运动的时候，就会产生科里奥利力，即地球自转偏向力。在北半球，科里奥利力会将流动中的洋流牵引向右侧，而在南半球则反之。海洋环流圈由此产生，它是一个呈环状运动的巨大洋流系统。北太平洋是个很好的例子，因为这里没有陆地的阻碍。可悲的是，在这个塑料废弃物盛行的时代，聚集在环流圈平静的中心地带的大量塑料垃圾反而成了海洋环流最好的例证。

> **❝将这颗行星称为'地球'是多么不妥啊，海洋的面积是那么地大。❞**
> ——英国作家亚瑟·C.克拉克

1992年1月，在一场太平洋风暴中，三个装满塑料鸭玩具的集装箱掉入了海中。29 000只鸭子中有三分之二都向南漂去，最终飘到了印度尼西亚群岛和澳大利亚。其余三分之一向北方漂去，进入了所谓的北太平洋环流圈。有一些漂入了白令海峡，停留在了移动

大事年表　海洋学的里程碑

1777 年	1812 年	1835 年	1872~1876 年
英国地理学家詹姆斯·伦内尔提出洋流的运动受风驱动	亚历山大·冯·洪堡描绘了从两极向赤道运动的、寒冷的深层流	贾斯帕－古斯塔夫·科里奥利确立了表面洋流的旋转系统	英国皇家海军"挑战者号"为了海洋学研究进行首航

新仙女木期

　　约 12 800 年前，世界正慢慢从冰河时期走出，欧洲西北部也开始渐渐出现温带森林。然后，沉积物的岩芯中突然出现了北极苔原植物仙女木的花粉，这就意味着欧洲西北部和格陵兰岛均快速变冷，又一次陷入了严寒。原因可能是突然注入大西洋的淡水河让大西洋输送带停止，这股淡水可能来自正在消退的北美冰原的融水湖。结果，温暖的海水无法乘着墨西哥湾暖流流向北方。大约在 1200 年之后，这段寒冷期戛然而止，如同它当初骤然来临时一般。

缓慢的北极冰中，最终在八年后出现在北大西洋海域。

　　遥感测量　要跟踪洋流动态，海洋学家有更为复杂的方法。他们将浮标置于洋面上，浮标会下沉到预先设定的深度，继而返回洋面，数据通过无线电卫星传输发回给位于洋面上的测量人员。太空时代让海洋学取得了革命性的进步。以往的考察船和商船志愿者只能将桶沿船侧放入水中采集样本，以此来监测海水的温度和盐度；如今，卫星可以对波浪和洋流进行监测，甚至可以每天从遥远的太空中探测水中浮游植物的数量。

　　盐　40 亿年来，雨水降落到地面上，冲刷岩石，而后带着溶解的盐分流向大海。在漫长的地质年代中，海水中的盐分变得越来越多。时至今日，如果海水全部蒸发干，剩下的盐平均分布的话，应该会厚达 75 米。

　　盐并非平均溶解在各个大洋中。在波罗的海，鉴于有大量淡水河流注入，外加蒸发量小，其含盐量为 0.5%。而在波斯湾，蒸发率高，注入其中的河流也少之又少，所以含盐量达 4%。盐和气温对海水密度的

1894 年	20 世纪 30 年代	20 世纪 40 年代	1943 年
弗里乔夫·南森为了研究海洋中冰的漂流而试图抵达北极	乔治·迪肯男爵发明了测量深海洋流的新方法	亨利·斯托梅尔开始研究墨西哥湾暖流和南极地层水的形成	雅克·伊夫·康斯塔发明了水肺

改变，连同风和地球自转的作用，都会对海洋循环产生影响。当冰冷的、密度较大的海水沉入底层海水时，就形成了海洋中的第三个层次。

大西洋传送带 北大西洋是观察这种分层现象的最佳位置。墨西哥湾暖流会将温暖的海水从墨西哥湾向东北方向推送。正是这股暖流，让英伦诸岛比同纬度的大西洋彼岸的加拿大东部更加温暖。随着墨西哥湾暖流向北行进，洋流的温度逐渐下降，加之水分的蒸发，海水的盐度越来越大。因此，当这股暖流到达北极区时，这股密度较大的洋流就会下沉，继而变成大西洋的底层水，向南返回。

全球变暖导致冰川不断融化，融化后的冰冷淡水不断注入海洋，同时又起到了稀释作用，导致大西洋底层水的形成速度逐渐减慢。但也可能是因为表面冰层温度升高，发生层化后含盐浓度大的海水无法下沉。如果大西洋传送带停止运行，全球变暖将会出现非常讽刺的后果，即西北欧的冬天将变得更为酷寒。

厄加勒斯渗漏 助力和盐水都来自南方。印度洋上的厄加勒斯洋流因为受到南非海角的阻碍，只有一部分温暖的海水渗入了南大西洋。虽

—— 冷流
—— 暖流

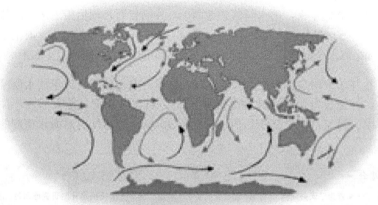

世界海洋中的重要表层流示意图

然仅有 10% 的洋流渗出，但其总量仍是亚马孙河流入的淡水量的 200 倍。随着全球变暖，其渗出的海水量似乎也在增加。由此一来，大西洋系统也许可以补充到更多的盐分，以此来补偿北极的冰融增加的淡水。

营养盐 海洋循环的垂直成分对海洋生命也是至关重要的。依赖垂直成分生存的浮游植物和海洋生物喜欢温暖、有阳光照射的海洋表层，但是它们很快就会耗尽水面上溶解的可用营养物质。深水里的营养物质充足，但是那里暗无天日，植物无法进行光合作用。当洋流将深海洋流带到表层时，营养物质也会随之而来，开始与温暖的海水混合在一起，形成类似于天气预报中冷锋和暖锋交汇的状态。该区域对浮游生物来说就是营养丰富的宝藏。当这一区域在航天探测传感器上变为叶绿素一样的绿色时就表明，这里有浮游生物在进行周期性的大规模繁衍。

厄尔尼诺

印度洋和印度尼西亚上空的大气压力大约每隔五年（间隔时间不规则）就会上升一点，然后在东太平洋上空下降。太平洋信风会逐渐减弱或者吹向东方，这时一股温暖但缺乏营养物质的热带洋流就会向秘鲁海岸涌去。这一现象称为厄尔尼诺（意为"圣婴"），是因为它总是在耶稣基督诞生的圣诞节期间到达秘鲁海岸。厄尔尼诺会阻隔富含营养物质的洪堡洋流，导致南美洲渔业凋敝，也会给美洲西部的沙漠地区带来暴风雨，给澳大利亚和西太平洋地区带来干旱。此后一年，一股冷流常常尾随厄尔尼诺而来，即拉尼娜，它会产生与厄尔尼诺相反的效果，造成南美地区干旱和澳大利亚地区洪涝。

洋流是地表的主要热量来源

28 大气循环

从天文学的角度看，大气就像一层脆弱的保护罩，包裹在地球这艘庞大的宇宙飞船的外面，帮助它抵御来自外太空的危害。从人类的角度来看，大气像海洋一样广阔，我们生活、呼吸并存在于其中。大气也可以被看作一个庞大的太阳能热力发动机，将热量和水汽散布全球，并带来各种天气。

大气层的厚度目前很难说清楚。越接近太空，大气层愈发稀薄，直至消失。即便如此，在国际空间站的高度（海拔 400 千米）仍然可见一些原子的身影，但这些为数不多的原子都已经处于电离状态，而且充满了能量。虽然电离层太过稀薄而无法保存太多热量，但它们的温度仍高达 2000℃ 左右。这就是热电离层。

保护罩　大约 80 千米的高空处为中间层，其上为电离层。由于受到太空宇宙射线的轰击，这里的大气层处于电离状态。它们就是让地球免受宇宙 X 射线威胁的脆弱的保护罩。电离层由带电的太阳粒子组成，沿着两极上空的磁力线流动，制造出壮观的极光景象。电离层能反射无线电短波信号，让国际间的交流得以实现。

50 千米的高空处是平流层。这是大气圈中气温最低的部分，因为这里既没有来自上层的辐射，也没有与下层的空气对流。因太阳紫外线

大事年表

公元前 350 年	1643 年	1686 年	1724 年
亚里士多德创造了"气象学"一词，并将其作为一本关于地球科学的图书的名称	托里切利发明了水银气压表	埃德蒙·哈雷发现太阳能辐射是大气环流的原因	加布里埃尔·华伦海特发明了一种测量温度的可靠温标

季风

陆地通过地表的热效应和山脉的物理效应对大气环流产生影响。海洋的热容较大，这就意味着，在夏季的白昼，陆地上的空气会升温、上升，于是就会吹起海风。表现最明显的是南亚季风。冬季，南亚盛行风为东北风，而在 6 月到 9 月期间，则从印度洋吹来温暖而湿润的西南季风。在喜马拉雅山地

区，空气被迫抬升，其中的水分逐渐凝结，导致某些地区的降雨量高达 10 000 毫米。喜马拉雅山有效地阻挡了大量湿润的空气，因此青藏高原一直保持干燥。我们可以根据沉积岩芯推断，南亚季风开始出现时喜马拉雅山脉正在抬升。西非和东亚出现了一些影响不太明显的季风。

作用于氧分子而产生的臭氧层就位于这里，平流层可以帮我们过滤掉有害的紫外线辐射。平流层中少量的水分可以形成两极地区的冰川云，这种云在人类活动释放的氯化合物的催化下可以产生破坏臭氧层的基质。

天气由何产生　80% 的空气和 99% 的水汽都存在于对流层。不同地区的对流层的厚度有所不同，它在热带地区超过 20 千米厚，而在两极地区则仅有 7 千米厚。对流层与平流层之间隔了一个逆温层，逆温层将上下两层严格区分开来。大多数的热量和水汽循环就发生在对流层。我们所知的天气就是来自于此层。

环流圈　对流层中的大气环流可以简单理解为向高纬度地区传送热量的一系列环流圈。这一过程是从赤道受热上升的暖空气开始，或者更准确地说是从天顶线（zenith line）开始，因为环流圈会随着季节的变化而向北或向南移动，让太阳始终位于它的正上方。对流层偏上的空气

1735 年	1806 年	1928 年和 1933 年	1960 年
乔治·哈得来对大气环流和信风做出解释	弗朗西斯·蒲福提出一个为风速分级的方案	日本的大石和三郎和美国的威利·波斯特探测到了大气急流	首次成功发射气象卫星

> **太阳辐射几乎是所有地表活动的终极来源,正是因为它们的热量才产生了风……也正是因为它们,海水才能以水汽的形式在空气中循环、灌溉田野、形成泉水和河流。**
>
> ——约翰·赫歇尔男爵,
> 《天文学大纲》(*Outlines of Astronomy*),1849 年

会向北方流动,到达北纬 30 度左右时,充分冷却的空气会再次向南回溯,完成整个环流。南半球则反之。

1735 年,乔治·哈得来发表了一篇文章,解释了我们今天所知的"科里奥利力"为什么能让流动的空气保持略微向右偏移,在热带地区产生从东北季风到西南季风的转变并形成整个环流。一百年后,他的贡献才被世人认可,环流圈如今也被称为哈得来环流圈。但实际上他的解释并不全面。如果大量的空气在向高纬度地区流动的过程中仅保持角动量,那么越靠近地球自转轴,空气的流动就会越快变成烈风程度。但在实际情况中,不同的压力也会产生影响,使风速保持适中。

极地环流圈是另一个环流系统,它发端于南北纬 60 度左右的暖空气,然后在极地处下降,成为冷空气。在极地环流圈和哈得来环流圈之间还有第三个略微复杂些的环流圈,称为"费雷尔环流圈"。

这些环流圈不仅能够解释盛行风,还能对重要的天气系统加以说明。在赤道和南北纬 60 度附近的地区,湿润温暖的空气向上抬升,从

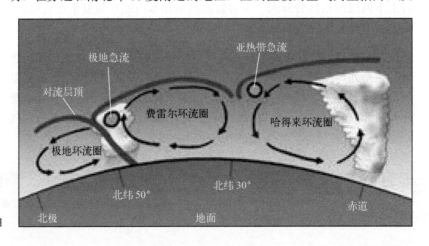

北半球的大气环流圈

飓风

在温暖的海洋上空，温暖湿润的空气开始上升，由此出现一个低气压地区，从而让更多温暖湿润的空气从两侧聚拢过来。这种现象可以演变成庞大的、螺旋运动的天气系统，这种系统在加勒比地区被称为"飓风"，在印度洋上被称为"旋风"，而在西太平洋上则被称为"台风"。这种天气系统可以持续数日，不断强化并且在信风的推进下到达陆地。届时，风速可以达到每小时 300 千米，同时还伴随有暴雨。强烈的低压可以将海平面在狂风暴雨中掀至 8 米高。不过一旦登上陆地，没有了水分补给的飓风就会开始逐渐平息。

而产生低压系统和雨云。这就是热带雨林出现在赤道地区以及低气压系统总在北大西洋地区徘徊的原因。介于二者之间的地区，干燥空气下降的地方就有可能形成沙漠。

急流　在环流圈相遇的对流层中，一股自西向东高速流动的气流形成了狭窄的带状区域，这就是急流。南北半球各有两个急流：一个是极地急流，一个是海拔更高但能量稍弱的亚热带急流。极地急流的风速可高达每小时 200 千米。急流可在罗斯贝波[①]中行进，后者在自西向东的移动中速度更为缓慢。急流的位置会决定大西洋的降雨系统是影响英国南部的伦敦还是北部的勒威克。

_____

[①]罗斯贝波，大气长波，也称行星波。由于地球的转动和地球曲率而使位涡在深度和纬度上产生改变，这一改变会导致一种非常慢的大尺度振荡，即罗斯贝波。它以其研究者卡尔－古斯塔夫·罗斯贝的名字命名。——译者注

风和天气受热度和湿度的驱动

29 水循环

让地球变得特别甚或独一无二的一点便是水以三种形态存在，即液态水、水汽和冰。因此，水得以在海、陆、空循环，传递热量并孕育生命。

水，或者说水中所包含的氢、氧原子，是宇宙中蕴藏最为丰富的元素，但同时我们也知道，只有地球的表面才有充足的液态水，这是其他星球无法比拟的。木卫二和土卫二上也许有海洋，却深藏于几千米厚的冰层之下。

宜居地带　在近期发现的太阳系以外的几百个行星中可能有几个适宜人类居住，它们与母系恒星的距离正好可以维持液态水的存在，但尚未得到证实。鉴于液态水是少数几种支持生命存在的必需物质之一，我们对于这类研究抱有极大的兴趣。

> **井枯方知水之珍贵。**
> ——本杰明·富兰克林，
> 1757 年

水在哪里　原始地球表面上的水很可能因为火山作用和撞击而蒸发殆尽，而早期大气中的水汽也在强势的太阳风的作用下被剥离。因此，今天地球上的水或是由火山喷发从地球内部带出的，或是随着外部的彗星和小行星而来的。据估计，目前地球上有 13.86 亿立方千米的水存在，其中海水约占 97%，冰盖中的水占 2.1%，地下水占 0.6%，湖泊和河流占 0.02%，而大气层中的云和水蒸气仅占 0.001%。

大事年表　水力发电的里程碑

约公元前 250 年	约公元 100 年	约 1300 年	1878 年
拜占庭人斐罗最早记录了水车	水车在罗马广泛应用于采矿和灌溉	水磨广泛用于磨制谷物和其他生产活动	威廉·阿姆斯特朗设计了第一个水力发电的方案，为他在诺森伯兰郡的家供电

水能

　　水循环的动力来自于太阳。蒸腾可以带走热量；没有蒸发，海洋的平均温度将高达 65℃。有些热能会随着水汽凝结重新返回海洋，成为塔状积雨云风暴的动力，产生电荷并以雷电的形式释放。水汽随山势上升形成降雨的过程会让水所蕴含的更多势能转化为水能。水能存在于水对岩石和沉积物的侵蚀和搬运中，存在于飞流直下的瀑布中，有时还存在于人类的水车或水力发电机中。2006 年，全球水力发电多达近 3 万亿千瓦时，占全球电量消耗的 20%，超过了核电消耗量，而且占可再生能源发电量的 88%。

　　水去了哪里　水在海洋、空气和陆地之间循环，充分参与着整个地球的动态系统。每天蒸腾的水量达 1170 立方千米，其中 90% 都来自海洋。每个"水库"中的水循环所需的时间都不尽相同。在较深的蓄水层和南极地区的冰盖中，水循环所需时间为一万年，海洋中的水循环需要三千年，而河流中仅需几个月。不过，在每个循环中，水在大气中逗留的平均时间仅为 9 天。

　　蒸馏　水循环对地球上的水不断地进行蒸馏和净化。海洋中的水蒸发留下了盐分和其他污染物。空气中的二氧化碳会溶解于水形成弱酸，促进岩石的化学风化，但蒸馏作用会给河流、湖泊和地下水带来纯净的水补给。那些储水层会进一步对水起到过滤作用，溶解在其中的一些矿物质为植物和水生生物提供营养。

　　生命之水　几乎所有生命的化学反应过程都发生在水溶液中，因此

1881 年	1928 年	1984 年	2008 年
第一个水力发电厂在美国尼亚加拉大瀑布建成	胡佛水坝成为世界上最大的水电站，装机容量为 134.5 万千瓦	巴西的伊泰普水电站成为世界上最大的水电厂，装机容量 1400 万千瓦	中国的三峡大坝，装机容量可达 2250 万千瓦

液态水至关重要。对于大多数动植物来说，水是目前为止它们体内蕴含最多的物质。水除了提供化学基质以外，在一些重要的生命反应中也起着关键作用，比如说光合作用。在植物的叶子中，酶、细胞膜和叶绿素构成的精妙系统将水分子分裂，使其与二氧化碳结合，制造出构建生物体的氧和碳氢化合物。正是这一化学过程在 20 亿多年前改变了地球的大气层，至今仍让氧气与二氧化碳保持精妙的平衡。

在干旱中存活　自从水出现以后，生物体就逐渐发展出应对盐分、干旱和低温的种种机制。上述三种情况会产生相似的影响。盐水会透过细胞膜将水分吸走；干旱也会消耗细胞中的水分；而严寒则会让水结成冰，消耗细胞热量或至少让生物体无法利用其体内的水分。但沙漠植物却拥有一种叫作"海藻糖"的特殊糖分，可以保护脱水细胞。还有一种缓步类的微小无脊椎动物看起来像 1 毫米多长的八足泰迪熊，它们可以耐住液氮的酷寒，并且一旦摆脱寒冷环境就能恢复活动。极地水域中的鱼体内有一种特殊的抗寒血液，能够抑制冰晶的形成。冬天，南极鳕鱼的血液温度已经低至冰点以下，它的身体只要碰到冰晶就会被冻得结结实实！

很多细菌，尤其是一类叫作"丁香假单胞菌"的细菌表面的蛋白质可以促进冰晶的形成。有证据显示，这些冰晶在大气冰晶云的形成过程中扮演着重要的角色，而冰晶云正是降雨或降冰雹的原因。给农作物喷洒转基因的防霜冻菌可以保护它们免受严寒的破坏，但这种细菌的广泛使用可能会对降雨产生影响。

> ❝ 对于我们大多数人来说，水就是从水龙头中流出来的东西那么简单。除此以外，我们基本不会去想其他。对于因水存在的天然的河流、多重功能的湿地以及错综复杂的生命网，我们已经失去了敬畏之心。❞

——美国水资源专家桑德拉·普斯特，《最后的绿洲：直面水荒》，1997 年

富营养化

　　集约农业带来的危害之一就是过度使用化学肥料，尤其是当那些含有氮和磷的肥料溶解到地下水和地面径流中后，会为河流、湖泊和近岸海域带去过剩的营养物质。水藻吸收硝酸盐和磷酸盐肥料后会大量繁殖，用尽水中的所有氧气，逐渐成为厌氧或富营养的藻类。它们有时会和未经处理的垃圾一起导致赤潮的出现。结果，生命难以在这些被藻类覆盖的湖泊和海水中维系，只剩下发臭的厌氧细菌。如今，欧洲、亚洲和美洲半数的湖泊都是厌氧湖。

　　水与气候　大气中的水汽是一种重要的温室气体。没有它，世界的平均温度就会在零下 30℃ 左右。气候模型显示，全球变暖将导致海水蒸发量持续上升。这样一来，温度会在无形中上升，此外还会加剧水循环，使原本潮湿的热带和高纬度地区的降水增加，而中间地区的干旱情况则更为严重。

水——能量的载体，
生命的维持者

30 碳循环

如果说水是生命的血液，那么碳就是生命实体。和水一样，碳通过循环系统的复杂运作将生命体统一在一起。亿万年来，生命体向大气中排放二氧化碳形成隔热层，以适应不断增强的太阳辐射，帮助维持碳循环。然而，当前的人类活动正在威胁亿万年来形成的这个体系。

碳循环是指庞大的碳库之间进行的交换。碳元素广泛存在于岩石、土壤、海洋、生物量和大气中，每年的交换量达几十亿吨。然而，即便是循环系统中小小的失衡也会造成地球气候的重大变化。

碳库 地壳中蕴藏了地球的早期大气。20 亿年前，生命体开始进化，起到保温作用的地球大气被大量消耗，二氧化碳最终变成石灰岩、白垩石、煤和石油。地球地壳中碳元素的含量约为 10^{18} 吨，和没有生命活动的金星大气中的碳储量相当。由此可见，假如没有生命体，那么地球也是和金星一样的温室行星。

接近地表的碳储量相对较小，但其实际数量也相当庞大。地球上最大的两个碳库是土壤和深海，其次是表层海洋和陆地上的生物圈。大气中二氧化碳的碳元素含量相对于其他碳库来说微不足道，约为 7500 亿吨，其中约 2000 亿吨会在大气圈库和其他碳库之间交换，约有一半会

大事年表

1789 年	1800 年	1859 年	1896 年
安托万·拉瓦锡把呼吸比作燃烧	冰芯显示大气的二氧化碳浓度为 0.029%	约翰·廷托尔证明了二氧化碳与水汽能够吸收热辐射	斯凡特·阿伦尼斯提出人类的二氧化碳排放会造成气候变暖

海洋碳库

海洋中碳元素的含量是大气中的 60 倍，同时海洋每年还会溶解大气中约 920 亿吨的二氧化碳。海洋和大气之间的有些碳交换发生在表层海洋水体，其中部分碳被海洋浮游生物吸收又释放出来，结果有 900 亿吨碳重新回到大气圈库。还有 20 亿吨则退出循环沉入海底，主要是因为下降洋流的作用，还有桡足类生物排泄物的流体力学特性。这类微小的浮游动物以微型藻类为食，其排泄物的颗粒和密度较大，能够像细雪一样沉落海底。

以气体形式与海洋交换，余下的部分则参与了陆地上的光合作用和呼吸作用。

平衡一点即破 碳库之间的流通交换差不多可以互相抵消，只有少部分碳退出循环沉淀到海底。但这并没有包括每年因燃烧化石燃料而排放到大气中的 55 亿吨二氧化碳，而这其中约有 10% 或溶解到海洋中，或被陆地上的森林吸收，其余 90% 则都留在了大气中。

1958 年，查尔斯·基林开始在夏威夷的冒纳罗亚观象台采集空气样本，这里没有任何污染。他对空气中的二氧化碳浓度进行了测量，并发现了其周期性变化的规律。但是随着测量活动的继续进行，他发现二氧化碳的浓度每年都在增长。他在此基础上绘制的"基林曲线"发人深省。在最初的 1958 年，大气中二氧化碳的浓度为 0.032%；到 2011 年，这一数值增长到了 0.039%。根据现在的增速推测，这一数值将在 21 世纪末达到 0.045%~0.085%。

1958 年	1988 年	2005 年	2009 年	2011 年
查尔斯·基林开始在夏威夷测量大气中二氧化碳的浓度	巴西里约热内卢地球首脑会议上成立了政府间气候变化专门委员会	《京都议定书》正式生效，除美国以外的主要工业国家都签署了这项协定	哥本哈根气候变迁大会未能就减少二氧化碳排放量达成协议	大气中二氧化碳的浓度达到了 0.0391%

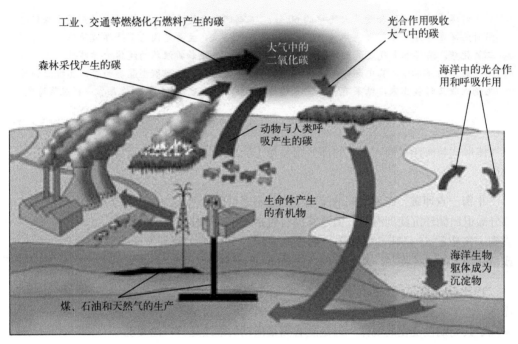

工业、交通等燃烧化石燃料产生的碳

森林采伐产生的碳

光合作用吸收大气中的碳

大气中的二氧化碳

海洋中的光合作用和呼吸作用

动物与人类呼吸产生的碳

生命体产生的有机物

海洋生物躯体成为沉淀物

煤、石油和天然气的生产

碳循环的主要构成

> 生命体会消亡，但是碳不会，碳的一生不会随着生命体的终结而终结。它将重归土壤，被植物吸收，再次进入动植物体的生命循环。

——英国生物学家、数学家雅各布·布洛诺夫斯基

温室效应 1859 年，伦敦皇家学会的约翰·廷托尔测量了不同气体对热辐射的吸收能力。氮气和氧气测量没有获得预期的效果，于是他将目光转向了水汽和二氧化碳，结果有了惊人的发现。他在当时的总结就

森林碳库

陆地上的植被和动物携带了 6 万亿吨的碳。森林吸收了地面上和土壤中的碳，储量占生物碳库的 86%。每年，约有 1000 万吨的碳被植物的光合作用吸收，其中 60% 左右留在了木材等生物量中。但是在随后的森林砍伐中，它们会随着木材的燃烧和土壤的翻动再次被释放。因此，森林可以稍微减少二氧化碳的排放，因为二氧化碳的浓度越高，植物生长得越快。

是我们今天所知的"温室效应"。太阳的光线可以轻松地穿过大气而后反射到太空中，但是部分光线会到达地面，加热地表，然后以红外辐射或热辐射的形式放出，之后被二氧化碳、水汽和其他温室气体吸收，结果使热量留在了对流层，造成气温上升。如果没有温室效应，地球将一直是个冰冻的星球，然而二氧化碳浓度的增加会导致全球温度的上升。下一章将探知温室效应可能会造成的后果。

甲烷 二氧化碳不是碳元素存在于大气中的唯一形式，在甲烷中也能找到碳元素的身影。甲烷通常产生于湿地、苔原、海洋沉积物和牲畜消化等生物活动中。甲烷也是一种温室气体，其威力比二氧化碳更加强大。大气中甲烷浓度的上升主要是因为集约农业以及北极冻原温度的上升。但是更主要的原因在于，海底的天然气水合物中蕴藏了大量的甲烷，当海洋温度上升、海平面升高时就会被释放出来。5500 万年前，大量碳元素突然被释放到大气中，导致地球气候急剧变暖，这是由于海底的天然气水合物释放了大量甲烷造成的。

碳循环中的微小变化
能引起气候的变化

31 气候变迁

自新石器时代起，地球生物就有幸享受着相对稳定的气候。但是地质记录表明，这种稳定性在此前不曾有过，而计算机模拟也告诉我们，这在未来也不会再出现。

弄清楚气候是否处于变化中其实要比想象中困难。我们见惯了酷热、严冬、洪涝、干旱等各种极端天气，但是天气不等同于气候。要想发现气候变化，需要在世界各地进行长期的测量，并统一标准。

获取地球的温度 人类用温度计准确计量温度的历史仅有 150 年左右。在此之前，人们借助其他方法了解气候，如收成时间和冬冰面积的史料记载，以及树木年轮的宽度、沉积物和冰芯中的同位素比等自然记录。整个 20 世纪，人们都在参考准确的现代温度记录来校正这些记录。

中世纪暖期 所有记录都表明，公元 950 年到 1250 年是一个暖期。根据文献记载，英国修道院在这一时期大都拥有果实丰硕的葡萄庄园，而维京人在格陵兰海岸开展的农耕也大获成功。

小冰河期 大约从 1550 年到 1850 年，特别是 1650 年到 1770 年，突然出现了极度寒冷期。这在很多方面都得到了体现，比如彼得·布鲁盖尔在 1565 年冬季的画作，1658 年波罗的海结冰的记载，以及 1607 年到 1814 年英国人在结冰的泰晤士河上举行的隆冬集市的史料。这一时期被

大事年表　地质年代中的气候变化

5500 万年前	325 万年前	1.8 万年前	1.28 万 ~1.16 万年前	公元 950~1250 年
气候骤然变暖，这与甲烷的排放有关	冰期的快速旋回标志着最后一次冰河期的开始	末次盛冰期	新仙女木时期，即突如其来的寒冷期	中世纪暖期。维京人在格陵兰开展农耕

称为小冰河期。这样的严寒岁月从树木生长密集的年轮上也得到了体现。甚至有人提出，正是刺骨的寒冷培育了致密的木材，帮助斯特拉迪瓦里等意大利克雷莫纳城的小提琴工匠们制造出共振强烈的乐器。

对于这一时期的形成原因有多种解释，可能性最大的是太阳活动的减少。太阳活动时烈时弱，以 11 年为周期，通过太阳黑子表现出来。空间观测已证实，太阳黑子较多时，太阳辐射会有少量增加，尤其是紫外线辐射。1645 年到 1715 年，太阳黑子活动几乎停止了，这一时期被称为"蒙德极小期"。

火山效应　在气候记录中留下浓墨重彩的事件之一便是大型的火山喷发。记录最为详尽的是 1991 年菲律宾的皮纳图博火山喷发。这次火山喷发向平流层抛入了大量细灰和硫酸盐浮质，导致到达地球表面的太阳光大幅减少，其后两年全球的平均温度下降了半度。在 1815 年印度

80 万年的冰

下雪时，地上的雪花之间的空隙会有空气。在格陵兰和南极洲这些积雪常年不化的地区，每年都会积累一层新的雪并慢慢压紧。这些雪转化为冰，空气就无法从中逸出。因此冰层中同时包含了雪和大气的信息。人类钻探到的最深的冰芯来自南极东部冰原中心的南极冰穹 C 处，它记录了 80 万年前的情况。水中的氧同位素比例可以揭示当时的海洋温度，而气体样本则显示了同一时期的二氧化碳水平。这两者相辅相承，共同揭示出二氧化碳含量在过去 80 万年从未超过现在。

1645~1715 年	1816 年	1991 年	1998~2010 年
太阳辐射的"蒙德极小期"：小冰河期泰晤士河上举行隆冬集市	坦博拉火山喷发后的那一年没有了夏季	皮纳图博火山的悬浮微粒使全球气温下降了半度	自 1850 年以来最温暖的时期

尼西亚的坦博拉火山喷发后，欧洲出现了"没有夏天的一年"，结果作物歉收，数千人在 1816 到 1817 年的冬天被饿死或冻死。而大约 7 万年前，苏门答腊的多巴火山喷发可能几乎将早期人类摧毁殆尽。

全球变暗 大气中的火山浮质会形成一层稀疏的薄雾，反射太阳光并使地面温度下降。污染产生的浮质也会如此，从而导致全球变暗。始于 20 世纪 50 年代的系统观测显示，1950 年到 1990 年，到达地球表面的太阳光大约减少了 4%。火山浮质以及皮纳图博火山喷发出来的火山灰，可能部分抵消了温室气体所造成的全球变暖的影响。颇为讽刺的是，20 世纪 90 年代末气候迅速变暖的部分原因，正是这种火山污染减少了。

冰河时期 回顾地质记录会发现，地球经历的气候变化的剧烈程度要远远超过人类历史的变迁。325 万年前，地球经历了一系列的冰河时期（参见 32）。盛冰期时空气中的二氧化碳含量几乎最少，但是地球温度的上升似乎比二氧化碳的增加早了几百年。因此气候变化怀疑论者以此为证据，主张全球变暖不是由二氧化碳引起的。但事实上，二氧化碳含量增加的这种滞后性可能是由引力或正反馈造成的。地球运行轨道的改变导致海洋升温并开始释放二氧化碳，于是相应地加剧了气候变暖。

气候的地质状况 再向前追溯，氧的同位素含量显示，地球上的二氧化碳含量更高，有时温度也更高。此外还有其他的冰河时期，但在各时期之间，全球温度通常比今天高出 10℃或 15℃。这就意味着地球的气候具有不同的稳定状态，它们之间有着微妙的平衡关系。由此产生了一个问题：我们正在步入一个更加温暖的新世界吗？

❝气候变化是我们当今面临的最严峻的问题，甚至比恐怖主义的威胁更为严峻。❞

——大卫·金爵士，英国政府首席科学顾问，2004 年

氧同位素

地球上绝大多数氧的原子量为 16，但也存在一种较重的同位素，即氧 -18。含较轻的氧 -16 的水在较低温度下更易蒸发，因此氧 -18 和氧 -16 的比例能反映海洋表面的温度。蒸腾后留在海洋表面的氧会被沉积岩芯中的微小孔虫的碳酸钙壳吸收，氧 -18 的比例越高，形成它们的海水表面温度就越低。相反，冰芯中的氧 -18 的比例越高，蒸腾出氧 -18 的海洋就越温暖。虽然还存在其他复杂的因素，但是通过精密的计算可以获悉亿万年前的海洋温度。

气候在不断变化

32 冰河时期

过去的325万年间，地球上的冰期和温暖的间冰期快速交替。寒冷期被称为冰河时期，由地球轨道的不稳定引起，并致使地球上的太阳辐射减少。寒冷期可能是推动人类进化的关键阶段。

漂砾 18世纪，一些自然主义者注意到阿尔卑斯山谷中被称为"漂砾"的大圆石，提出它们是在冰川中沉积而成的，并且远古的冰川范围要更广大。1840年，年轻聪颖的瑞士地质学家路易斯·阿加西斯，在研究了十年鱼化石之后将注意力转向了阿尔卑斯山脉周围大量的沙地、砂砾和圆石的表层沉积。他推断，这些地形地貌的成因不是单个冰川，而是曾经覆盖了整座山脉的巨大冰原。因此，他认为这是冰河时期存在的证据。

冰川的范围 据阿加西斯的推断，冰川曾从北极一直延伸到地中海，还跨越了大西洋和整个北美洲。现在我们知道，阿尔卑斯山脉的冰盖是孤立的，但极地冰原确实非常广阔，一直延伸到了斯堪的纳维亚，并且伸向欧洲的泰晤士河和北美洲五大湖的南部。冰川厚度高达3000米，其中蕴藏了大量的水，以致全球海平面降低了大约110米，大陆架变成了陆地并成了动物和人类迁移的陆桥。

此消彼长 旧教科书里说最后一段冰河时代分为4个冰川期。但事实上，情况要复杂得多，现在已经确定的至少有20个冰川期，其中穿

大事年表

24亿~21亿年前	8.5亿~6.3亿年前	4.6亿~4.2亿年前	3.6亿~2.6亿年前
休伦冰期，已知最早的冰期	成冰纪时期，已知最酷寒的冰期	巨大的极地冰盖形成，但冰期没有成冰纪那般严峻	卡鲁冰期，在南美洲和阿根廷留下了冰川沉积

米卢廷·米兰科维奇

米卢廷·米兰科维奇（1879—1958）是一名塞尔维亚数学家兼土木工程师，1909 年成为贝尔格莱德大学的教授。他从计算到达地球的太阳辐射量及其变化方式着手，于 1914 年发表了第一篇关于冰河时期天文理论的论文。他迁居至奥匈帝国并在那里结婚，但在第一次世界大战爆发时作为塞尔维亚公民被扣押，并在四年监禁生涯中继续致力于他的理论研究。1920 年他发表了一部专著，详细阐述了复杂的轨道变化如何相互作用，提出了标志着冰河时期开始的"米兰科维奇循环"理论。他还计算了火星表面的温度，发现那里的温度并不适宜生命存活。到了 1941 年，他完成了一部概括其科研成果的著作。此书印刷时恰逢战争再次爆发，贝尔格莱德的印刷厂遭到轰炸，结果米兰科维奇只留下了手头的一册书。

插了非常温暖的间冰期，在间冰期内植被繁茂，动物繁多。早期的猎人跟随迁移的兽群横穿了今天的北海平原。有证据表明，英国曾被占领过六七次，最初是海德堡人，然后是尼安德特人，最后是智人。

成因　冰河时期的准确成因尚不清楚，但很可能是多种因素相互作用的结果，其中一个确定的因素是地球轨道的变化。这种变化被称为"克罗尔－米兰科维奇循环"，苏格兰科学家克罗尔提出观点在先，塞尔维亚工程师和数学家米兰科维奇扩展完善在后。他们综合提出了三种因素：地球绕太阳旋转的离心率、地轴的倾斜以及地轴的旋进（与陀螺的轴勾画出圆的方式相同）。这些因素的变化周期分别是 40 万年、4.1 万年和 2.6 万年。结果就造成太阳辐射在不同季节到达地球各地区的量不

325 万年前	240 万年前	80 万年前	1.8 万年前
冰河时期的开端	冰河时期的加剧	年代最久远的冰芯的底层记录了此后的八次盛冰期	末次盛冰期的终点

同。如果不考虑由人类引起的全球变暖，根据这一循环原理，人类可能会在 1.5 万年后进入另一个冰河时期。

问题 "太阳引力"看起来与冰川旋回一致，但这并非完整的解释。首先，在最初的 200 万年，克罗尔－米兰科维奇循环似乎遵循的是 4.1 万年的周期，但在后几百万年间，其周期变成了 10 万年。这可能与太阳引力背后的冰川时滞有关。此外，太阳辐射的变化似乎比产生的气候变化要小得多。这在某种程度上可能是由不同的正反馈机制造成的，例如反射率，即地球反射回太空的太阳辐射量。白冰分布得越广，反射的太阳光就越多，温度降低得也越多。而当气候开始变暖时，海洋就释放出更多的二氧化碳，加剧气温的升高。各种因素之间的相互作用非常复杂，但米兰科维奇循环是最核心的。

> **"冰川是上帝的鬼斧神工……很久很久以前，上帝就开始在地球表面对它进行碾磨、凿凿和搓揉。"**
> ——路易斯·阿加西斯（1807—1873）

触发最后一次冰河期的首个事件可能是巴拿马地峡的闭合，它阻断了大西洋和太平洋之间的循环。

回升 所有冰的重量都压向北方大陆，并将它们推入地幔。当冰融化时，大陆便开始回升，就像软木塞浮上水面一样，只是速度要缓慢得多。由于地幔的硬度相当大，因此它们每年只能上升 1 厘米左右。这

冰期沙漠

全世界的沙漠地带大多集中在北纬 30° 附近和赤道以南，干冷的空气随着哈得来环流来到这里。陆地上的风沉积物和海洋中的沉积岩心清楚地表明，这些沙漠曾经十分广阔。北非的湖泊在约 18 000 年前的末次盛冰期时最为干涸，可能是由于非洲和亚洲季风随着陆地和海洋之间温差变小而减弱造成的。冰川旋回造成的干燥的东非可能是人类进化的动因之一。

样的过程在最后一次冰河期后仍然持续了 1 万年，导致苏格兰海滩上升，超过现在的海平面 80 米，并覆满贝壳。

远古冰河时代 过去几百万年间的冰河时代在地球的历史中并非绝无仅有。资料显示，至少存在过五个主要的冰河时期，中间间或出现暖期，在此期间，地球上根本不存在极地冰盖。第一个冰河时期大约开始于 24 亿年前，它的出现可能与光合作用的增强以及海藻耗尽空气中的二氧化碳有关。这一时期的证据出现在加拿大休伦湖附近的岩石上，包含坠石，即随着海中冰块一起落入深海的巨石。第二个冰河时期最为酷寒，出现在前寒武纪晚期，后文会详细阐述。第三个冰河时期出现在奥陶纪结束时。而第四个冰河时期则开始于 3.6 亿年前并持续了 1 亿年之久，并且在南非和阿根廷留下了痕迹（参阅大事年表）。

微小的变化就能导致温度的急剧下降

33　冰盖

地球的"两端"被冰覆盖。这里景色绝美，更是科学家的兴趣所在。在绝大多数地质时间里，地球并没有极地冰盖，海平面也更高。今天的冰盖已存续了数百万年之久。但是，在极地边缘气候变暖的速度比地球上其他任何地方都要快，它们如今是否正面临威胁呢？

冰冻的海洋　北极和南极的地貌迥异。北极是海洋居中，四周被大陆环绕；而南极则是被海洋包围的大陆。因此，除巨大的格陵兰冰盖之外，北半球的冰是漂浮在海中的，这意味着它易于融化和破裂，尤其是在夏天，而且它们永远处于运动状态。另一方面，只要浮冰不融化，海平面就不会发生改变。

冰冻的大陆　南极洲的面积比美国还要大，几乎全部被冰雪覆盖。这些冰共计约 1400 万平方千米，平均厚度近 2 千米，占地球淡水总量的 75%。冰的厚度使南极洲成为地球上海拔最高的大陆，同时也是最为寒冷干燥且最常刮风的大陆。目前已知的地表最低温度是零下 89℃，由俄罗斯东方科考站在南极洲东部测得。

海冰　两极都有冰形成，因为这两处都几乎接受不到太阳辐射。北极圈北部和南极圈南部在冬季一连几个月都见不到太阳，即使到了夏

大事年表　极地探索里程碑

1820 年	1841 年	1845~1848 年	1903~1906 年	1909 年
俄罗斯航海家别林斯高晋和他的船员首次探访南极洲	詹姆斯·克拉克·罗斯到达冰架，此处后来以他的名字命名	约翰·富兰克林爵士远征西北航道，以悲剧收场	罗尔德·阿蒙森顺利通过西北航道	罗伯特·皮尔里可能是第一个达到北极的人（这一说法存在争议）

季，太阳高度也比较低。陆地上的冰盖都是通过降雪堆积而成的。而当海水自身结冰时，就会开始形成海冰，海冰上方随后可以积雪。南极洲周围的大多数海冰是季节性的，很少存续六个月以上，厚度也不会超过2 米。北极的海冰则可以存续好几年时间，海冰压积成冰脊的地方厚度可达四五米，甚至更厚。

西北航道　15 世纪晚期起，一些航海探险家开始痴迷于探寻通往太平洋的"西北航道"。随后的 400 年间有过很多失败的尝试，有些甚至造成了致命的后果，这其中就包括了约翰·富兰克林爵士在 1845 进行的探险。最终，挪威人罗尔德·阿蒙森顺利通过了西北航道，但耗时三年之久（1903 ~ 1906 年）。如今，西北航道在夏季时很容易通过。在南极，每年都有越来越多海冰破裂和融化，每到 9 月，无冰水面会更

隐藏的湖

俄罗斯的东方站位于世界上最冷的地方，这是南极洲东部一块异常平坦的冰原区域。雷达和地震勘测显示，它处在一个湖泊之上，所以十分平坦。这里的冰层厚度近 4 千米，但在冰层之下有一个液态湖泊。这个湖的大小与北美洲的安大略湖相仿，深度超过 300 米，容量是安大略湖的 3 倍，位列南极洲 140 个冰下湖之首。这个湖泊可能已独立存在了数百万年之久，并且可能存在依靠湖床中的热液获取营养的奇异生物。在本书写作期间，俄罗斯的一个冰芯已进入水下 50 米，采样工作可能会在随后一个季度进行。与此同时，英国科学家正在计划钻探另一个名为埃尔斯沃斯的冰下湖，其大小相当于英格兰最大湖泊温德米尔湖。

1911 年 12 月 14 日	1912 年 1 月 17 日	1914~1917 年
罗尔德·阿蒙森带领首支科考队到达南极	罗伯特·法尔肯·斯科特到达南极	欧内斯特·沙克尔顿乘"持久号"进行南极探险，这是最后一次伟大的极地探险航行

> **如果我们能活着，我将述说一个关于我同伴们的传奇故事，他们的刚毅、坚忍和勇气会震撼每个英国人。**
> ——罗伯特·法尔肯·斯科特日记中最后的遗言，1912 年 3 月 25 日

开阔。卫星监测显示，剩余的冰在逐渐变薄。气候模型表明，南极夏季的海冰将会在本世纪末彻底消失，但是按照现在的融化速度，它们到 2050 年就有可能全部消失。

随着北极水域越来越易通行，西北航道有可能成为一条主要的贸易航线，人们还可以开采该水域的海底石油和矿物。随着水温上升，大量甲烷水合物的沉积物可能会变得不稳定，导致这种温室气体大量释放。海冰形成时，会排出盐分，生成淡水冰，使周围的水体含盐密度更大，这有助于产生维持大西洋洋流传输带的底部海水。海冰减少会导致海洋环流紊乱。

南极洲的孤立　1.7 亿年前，南极洲曾是有着森林和恐龙的热带超大陆冈瓦纳大陆的一部分。1.6 亿年前非洲大陆分离，1.25 亿年前印度大陆分离，4000 万年前澳大利亚大陆和新西兰岛屿分离，这片超大陆自此不复存在。冷却的南极大陆上开始有冰形成，但直到 3400 万年前，当南极洲和南美洲之间的德雷克海峡形成之时，南极大陆才完全被冰覆盖。这使得一股洋流从西到东环绕南极洲流动，将它与即将到来的暖期分离。

移动着的冰　冰从不会长久保持静止。在厚度达 3000 米的南极洲东部的中央，冰累积了成千上万年，同时以极其缓慢的速度流动着。在

遗失的风景

对于空中雷达来说，冰是透明的，早期飞行员因此遭遇了一些不幸的致命失误。近年来，勘测飞机对南极洲东部冰层深处的地貌进行了勘查，展现了山脉和峡湾的壮观景色，它们记录了南极洲东部冰原在过去 3400 万年间的变化。

冰川的边缘和中央，冰的流速较快，它们在海洋中延伸开来，形成数百米厚的浮冰架，并最终分裂为巨大的冰山。冰在陆地上的运动更为顺畅。来自上层的压力和下层的热量使冰融化，冰水流淌在泥浆滑溜的表面上。只要融化流出的冰量与累积的新降雪量相当，一切就会维持常态。

南极洲的软肋　南极洲的西部是完全不同的景象。这里大多数的陆地位于海平面以下，只有冰塔高高矗立。但这一现象令该区域极易受到环绕它的暖流的影响。松岛冰川是南极洲最大的冰川，面积与美国的得克萨斯州相当。近年来，它正在以惊人的速度加速变薄。一艘无人驾驶潜水艇在冰川边缘的探测显示，松岛冰川已融化到一处岩脊，继续融化的话就会坍塌到海中，届时全球海平面将会上升 0.25 米。如果邻近的冰川群都发生融化，海平面将会上升 1.5 米。

古老的冰川开始融化

34 冰雪地球

地球历史上曾有过五个大冰期，但没有哪一个比前寒武纪晚期成冰纪的大冰期更酷寒。在长达2000万年的两个冰期中，冰雪的覆盖曾扩展到了回归线附近。整个地球是否曾经变成冰雪星球？如果是，这一时期又是如何结束的呢？这已经成为当今最具吸引力的地质学争论之一。

坠石　经过近一个世纪的研究，地质学家在一些意想不到的地方发现了冰川沉积物，它们有些离今天的极地地区非常遥远。前寒武纪晚期岩石的记载参差不齐，有时年代久远的地层中的冰川沉积物难以辨认。但是关于坠石的存在毫无争议，这是一种在远离陆地的海洋沉积物中沉积的巨大漂砾。它们之所以出现在那里，唯一已知的原因是浮冰的搬运作用。

前寒武纪大陆　20世纪60年代，随着板块构造学不断发展，人们意识到大陆并非一直都处于现在的位置。岩石中磁粉的方向可透露它们在沉积时所处的纬度。由此可知，在加拿大、纳米比亚、澳大利亚以及格陵兰岛和斯瓦尔巴群岛，还存在有着6.4亿年左右历史的冰川沉积，它们曾经位于赤道附近，都有冰川作用的证据。

大事年表　冰雪地球的发现

1949 年	1964 年	1966 年	1992 年
道格拉斯·莫森表示前寒武纪冰川沉积广泛分布在所有大陆上	布莱恩·哈兰在斯瓦尔巴群岛、格陵兰以及热带地区发现了坠石	米哈伊尔·布迪科经计算后提出，如果冰延伸到南北纬30度，就将继续延伸至赤道	乔·克什维克创造了"冰雪地球"一词

正反馈 20 世纪 60 年代，对全球核战争的恐惧引发了大家对战争造成的灰尘和浮质云的冷却效应的计算。数据显示，如果冰延伸到南北纬 30 度，反射回太空的太阳辐射将会增加，从而导致正反馈（即冰越多，温度越低），进而导致全球结冰。引起这一过程的原因可能是地球轨道的变化、太阳辐射的减少，也可能是太阳系经过银河的旋臂时宇宙线所造成的云量增加。

永恒的雪球 加州理工学院的乔·克什维克在 1992 年的论文中创造了"冰雪地球"这个术语来描述这种冻结状态，并提出这一现象可能在前寒武纪时期出现过。但是批评家提出质疑：如果地球是一个光亮的白色雪球，没有海洋蒸发，没有云的形成，那么太阳辐射将持续被反射到太空，这一循环也将永远不会被打破。

保罗·霍夫曼

加拿大地质学家保罗·霍夫曼（1941— ）是一个意志坚定的人。他多次参加马拉松，最后在 1964 年的波士顿马拉松比赛中取得了第九名的好成绩。但是他意识到自己不可能打破世界纪录或赢得奥运会金牌。他向来追求出类拔萃，因此选择了地质学，最后当上了美国哈佛大学的教授，成为世界上这一领域中登峰造极的人物之一。每年他都会到世界偏远的地方进行实地考察，特别是纳米比亚北部的山区。他在那里研究前寒武纪沉积，证明了它们属于冰河时期，并表示表面覆盖的碳酸盐沉积是在气候突然变暖后形成的。他一直是"冰雪地球"的忠实支持者。

1998 年
霍夫曼和施拉格（Schrag）发表了关于纳米比亚的冰川沉积及表面覆盖的碳酸盐的重要文章

2006 年
"冰雪地球大会"探究全球范围的冰川作用

2010 年
加拿大的冰川沉积的准确时间是 7 亿 1650 万年前，当时这一地区处于赤道

> **冰雪地球理论的问题在于，这应该是历史上最巨大的环境灾难，但我们找不到生命的残体。**
>
> ——吉·纳波尼教授，BBC 电视台《地平线》节目，2001 年

克什维克提出一种解释。且不论冰，地球内部有一个源源不断的热源。火山会持续喷发，释放二氧化碳。没有开放水域，气体就无法在海洋中溶解，所以 1000 多万年以后大气中的二氧化碳含量会达到 10%。在有大量温室气体的环境下，全球的冰也不能幸免于难，它们会迅速融化，并出现惊人的热浪。

碳酸盐岩帽 哈佛地质学家保罗·霍夫曼在 1998 年的论文中进一步提出冰雪地球的证据。他对纳米比亚的冰川沉积进行了研究，发现这些沉积通常都覆盖了石灰岩。他认为，这些所谓的碳酸盐岩帽是岩石在 1000 万年间的第一场暖雨中发生快速化学风化的结果，这些雨消耗了二氧化碳并使石灰岩沉积。

碳通常有两种稳定的同位素：碳 -12 和碳 -13。碳 -12 易于积聚在生物有机体内，而碳酸盐岩帽中未耗尽的碳 -13 表明，它们来源于火山喷发出的二氧化碳气体。此外，碳酸盐岩帽的底部有一层含铱层。这在地球上很罕见，但在陨石和太空灰尘中却大量存在。1000 万年的冰会积聚富含铱的尘土。

缺氧水 带状铁构造层是冰河时期的特点，而可溶的氧化亚铁向不可溶的氧化铁转化会加速铁构造层的形成。亚铁盐的积累需要大量的缺氧水，例如海洋如果被冰隔离就可能出现缺氧水。

做出判定 冰雪地球理论在引人注目的证据支持下讲述了一个迷人的故事，但科学界必须做出一个毫无异议的裁定。一方面，原始生命如何在这样一个大灾难中存活下来？那时候的生命全部都在海中，主要是海藻和细菌。有机体如何通过厚厚的冰层获取光合作用所需的阳光呢？

雪球和生命

7.2 亿年前，陆地仍被淹没在海洋中，但海洋中有非常多的生命。光合海藻和蓝藻细菌吸入二氧化碳并释放氧气，从而改变了空气的成分。冰雪地球必定是可怕的灾难，鲜有生命体存活下来。但少数生命体确实存活了下来，并充分利用了机会。冰雪融化后，就突然产生了一块营养丰富且不存在竞争的新水域。我们找到了第一个证据，表明末次冰期结束后不久各种多细胞动物广泛存在。剩下的问题都属于古生物学范畴了。

可能性比较大的答案是，如果结冰过程缓慢，那么冰层就几乎是透明的。南极洲 5 米厚的冰面下的干谷中，光合作用仍在继续。

结冰的完成度如何，是一大未知问题。坠石可能会随开放水域中的冰山流动到赤道。冰雪地球理论的批评者称，即使是很小的一片开放水域，也足以溶解空气中的二氧化碳，防止二氧化碳在空气中积聚。另一大未知的问题是当时地球的磁场状态。如果磁场不接近地球自转轴，那么某些冰川沉积物可能不会像今天看起来那么靠近赤道。结合其他批评者的观点，地质学家提出地球是个雪泥星球而不是冰雪星球，并存在开放水域，至少是季节性存在。

整个地球曾经封冻过吗？

35 深时

如果说，地球科学中存在一个基础概念可以让其他理念赖以存续的话，那么这便是"深时"。没有深时，坚固的地壳就无法流动，巍峨的山脉就不会崛起，水滴不可能穿石，生命也不会变异进化。但是，小时、天和年才是我们熟悉的计时单位，而深时则是最让人难理解的概念之一。

对时间的感知　人类通过直接经验建立起对地球物理尺度的理解。我们可以通过长途跋涉、欣赏开阔的景象、绕地飞行或研究从太空中拍摄的地球照片等活动，建立起对地球物理大小的理解。但时间则不同。人类所做的大多数事情可分解为仅持续几秒的行为片段。我们的生活就是由这些流失的小时和日子主导的，我们为各种事件举行周年庆祝活动。但我们对于自己童年的记忆仅存一星半点，而对于此前的情况，我们只能通过别人之口来了解。由此可见，理解地球的时间维度就好比用纸张的厚度来丈量地球的深度。

> **❝地质学是我们接近上帝的耐心的钥匙。❞**
> ——美国作家约西亚·吉尔伯特·霍兰德，约 1870 年

一代又一代　"一代"的概念很好理解。假设一代为 25 年，那么五代前我们的曾曾曾祖父母就生活在 19 世纪的维多利亚女王时期。我们距西班牙无敌舰队只有 17 代，距离 1066 年英国的诺曼征服也不到 40 代。180 代前就是巨石阵建造者生活的年代，但这些几乎都是我们后

大事年表　用 24 小时表示的地质时间

0:00	02:00	06:00	10:00
吸积的尘埃和岩石形成了地球	小行星冲撞，出现了最古老的岩石	第一个清晰的生命化石证据	空气中首次出现游离氧

正在冷却的地球

达尔文提出进化论的 100 年前，布丰伯爵提出动物会随着时间的推移而发生改变。他认识到这个过程的完成需要相当长的时间，并用铁球做实验来看其从炙热降至室温所需的时间。将铁球放大到地球的体积并以此类推，他断定地球的年龄为 74 832 岁。19 世纪晚期，开尔文爵士在此基础上，根据熔化岩浆的冷却速度做出更进一步的精确估算，得出地球年龄介于 2000 万到 4 亿年。1897 年，开尔文再次将地球的年龄修正为不超过 4000 万年。但当时的他对放射性衰变的热能尚一无所知。

世的回想方法。4000 代前，我们的祖先正从非洲迁移到其他地方。如果我们用 24 小时制来表示地球的一生的话，那么人类祖先的迁移可能仅仅发生在两秒前！

真实破晓　先锋地质学家经过很长时间才承认时间的真实深度，这一点不足为奇。他们可能自己也被神学家对"创世说"的信仰所束缚，即上帝用六天时间创造了地球，而人类出现在第六天。

到了 18 世纪，欧洲已经很少有人因宗教异端而被定罪烧死，理性的时代即将到来。哲学家和科学家们开始公开推测地球时间的真实深度，并开始观测各种地质过程的发展速度，以期找到线索。法国的贝诺依·德·马雷（1656—1738）观察了在高出海平面很多的地方发现的贝壳化石，并据此推测出法国港口淤泥充塞的速度，他认为这是由海平面下降导致的。他估算的速度是每年 0.75 毫米，这意味着最高山脉中的化石已有 24 亿年的历史了。

20:30	21:00	22:00	23:38	23:58:40	23:59:58
冰雪地球可能出现	海洋生物在寒武纪大爆发	陆地上首次出现动物	恐龙灭绝	首次出现直立行走的古人类	完全现代意义上的人类迁出非洲

达尔文对时间的需求

　　在提出进化论时，让查尔斯·达尔文最为烦恼的问题之一就是，无规则的物种变化和自然选择需要大量的时间。通过对苏格兰肯特的威尔德地区的考察，他提出了自己对地质时间长度的估算。显然，他的结论说明了岩石圆顶上曾经被白垩覆盖。今天，那里的北部和南部山丘还有白垩残余，其中或有较为古老的岩石存在。通过对岩层厚度的猜测和对侵蚀速度的随机估算，达尔文得出结论，这一地貌的形成过程花费了3亿年。但是当他意识到这个结论缺乏科学性后，在《进化论》之后的版本中就不再提及。

　　1821 年，牧师威廉·巴克兰在英国约克郡的一个洞穴中发现了几百块骸骨。它们是土狼及其猎物的骸骨，有些甚至属于大象和犀牛。他认为，即便是《圣经》里的大洪水也无法将这么多骸骨从非洲冲上英国的海岸。《圣经》中说，大洪水出现在亚当和夏娃之后的第十代，这些骸骨存在的时间应该比大洪水的年代要久远得多。因此《圣经》对洪水的描写无法通过地质情况得到证实。

　　深时之父　1788 年，詹姆斯·赫顿出版了著名的《地球理论》，他在书中主张渐进原则，即当下正在发生的地质过程最终能完成地质历史中的所有改变（参见 24 和 25）。大家花费了相当长的时间才接受这一理念，它虽然不受神学家的欢迎，却令科学家们开始思考深时现象。

　　1841 年，苏格兰地质学家、赫顿著作的拥护者查尔斯·莱伊尔造访了尼亚加拉瀑布。他发现瀑布的倾泻口在一条长长的峡谷中的位置有所退后。莱伊尔找到一位老人，老人说在他的印象中，40 年前瀑布的位置比今天要近 45 米。鉴于此并考虑到老人的话有可能夸大了现实，莱伊尔估计这条长 11 千米的峡谷已经有 35 000 多年的历史了。今天我们知道，这样一段时间在地质历史中并不算长，但这有助于思想家们突破

❝没有了对地球深不可测的历史底蕴的探究，就没有我们在地质学上的进步。❞

—— 出自亚当·塞奇威克写给威廉·华兹华斯的信，1842 年

《圣经》中的时间尺度。而且查尔斯·达尔文在思考渐进式变化所需的时间长度时，它也提供了帮助。

第四维度　基于放射性定年法，我们了解到地球的年龄为 45.6 亿年，而宇宙的年龄是其 3 倍。虽然这个数字仍然很难帮助我们理解时间的无限性，但对于了解地质作用的整个范围却颇有裨益。地幔对流、大陆漂移、山体隆升和侵蚀都以每年两厘米的速度进行着。它们在人类的时间尺度中显得微乎其微，但在深时的尺度中，地幔对流像一大锅热汤，大陆移动宛如华尔兹舞步，山脉隆升与下沉就好像沉睡巨龙起伏的胸膛。同时，所有的动植物相继出现、进化并走向灭亡。

变化随时间而来

36　地层学

多层的沉积岩清楚地向我们表明，这些分层是在连续的地质时间中一层一层地累积而成的。最先认识到这一点的先驱们把地质学变成了一门精确的科学，他们绘制出了改变世界的地图。

在转投地质学之前，年轻的丹麦科学家尼古拉斯·史坦诺曾从哥本哈根前往意大利佛罗伦萨，在当地望族美第奇家族的资助下进行研修。他发现了托斯卡纳山中的化石，并认识到它们是对过去生命的记录。但它们是如何进入坚硬的岩石中的呢？在观察了岩层中的沉积岩之后，史坦诺做出了正确推断——若要包含化石，岩层必须在水中依次沉淀。

基本原理　1669年，史坦诺提出四大基本原理。叠加原理说明岩层是按一定的顺序层层形成的，最古老的位于最底部；原始水平原理说明岩层最初是在平坦、水平的地层中形成的；侧向连续原理说明这些岩层曾经在地球上连续扩延，有阻碍的地方除外；横切不连续原理说明任何穿过那些岩层的事物都比它们年轻。

依次相连　虽然史坦诺的四个原理并非都完全正确，却为地层学提供了很好的指导原则。沉积岩确实是分层形成的，虽然它们有时会因过度褶皱而发生顺序颠倒，但年代最近的基本上都位于顶部。除了一些交错层以外，各岩层最初都是水平的。虽然没有哪一岩层是全球分布的，但如果两个地方的地层序列相同，就说明它们处于同一时代。

大事年表　地质年代的起始时间

5.42亿年前	4.85亿年前	4.44亿年前	4.16亿年前	3.6亿年前	3亿年前	2.52亿年前	2亿年前	1.45亿年前
寒武纪	奥陶纪	志留纪	泥盆纪	石炭纪	二叠纪	三叠纪	侏罗纪	白垩纪

萨默塞特运河 一百多年后，史坦诺的这些原理才得以进一步发展并付诸实践。18 世纪 90 年代，威廉·史密斯对当时在议的英国萨默塞特运河航线进行了调查。他需要预测开挖运河时可能遇到的岩石种类以及它们的蓄水能力。他很快就发现，相同序列的岩石总是以相同的顺序出现，而且每一岩层中都有特定的化石可以帮助在其他地方找到相同的岩层。后来人们称呼他为威廉·"地层"·史密斯。

纵观今日之地球，人们很快就会发现今天的沉积物并不一样。河床可能含有卵石，同时其附近的盐滩却在积聚泥巴，而石灰岩正在避风的海洋处沉积。史密斯不仅认识到这一点，而且还提出，仅凭一小段序列岩层中的相似化石就能证明不同的沉积物处于同一地质时期。

> 66 有组织的化石之于自然学家就好比钱币之于古文物研究者。作为地球的遗产，它们非常清楚地显示了自身渐进而有规律的形成过程，包括水体中的各种改变和各种生物。99
>
> ——威廉·史密斯，《化石地层系统》，
> 1817 年

尼古拉斯·史坦诺

尼古拉斯·史坦诺（1638—1686）原名尼尔斯·斯坦森，出生于丹麦的哥本哈根，"尼古拉斯·史坦诺"是他本名的拉丁语音译。21 岁时，他决定摆脱书本知识，自己去观察世界，这是一种非常超前的治学态度。他最初研习的专业是解剖学。1666 年，他接到一项研究巨鲨鱼头部的任务，发现这个鲨鱼的牙齿与他在岩石中找到的化石几乎一模一样。因此，他断定化石是生物体死亡后的骸骨。在推测化石如何进入坚硬的岩石时，他提出了自己的地层学原理。史坦诺从小就是路德教会的教徒，但是他历来不轻信别人告知的事情。后来，他发现天主教教义与他的观察更为一致，于是改变了信仰，最终还成了一名主教。

6600万年前	5600万年前	3390 万年前	2303 万年前	533万年前	258 万年前	1.17 万年前
古新世	始新世	渐新世	中新世	上新世	更新世	全新世

威廉·史密斯

威廉·史密斯（1769—1839）是牛津郡一名铁匠的儿子，与同时期的许多绅士阶层出身的科学家不同，他没有私人收入，只能靠为萨默塞特地区的地主和 Coal 运河公司当测量师谋生。因此他每天都能深入乡间，记录那里的岩层和化石。不久他发现，无论在哪里发现的岩石和化石，都表现出有规律的重复序列。1799 年，他绘制了巴斯地区的地质图。在被雇主解雇后，他又继续绘制了闻名后世的英格兰、威尔士和苏格兰局部的地质图。他试图靠卖地图为生，但由于盗版严重，他不得不廉价兜售，最后因破产负债被关入了监狱。威廉·史密斯对地质研究的贡献直到其晚年才被承认，他于 1831 年被授予了英国地质学会的第一枚沃拉斯顿奖章。

第一份地质图　威廉·史密斯还注意到，他当时正在研究的地层微微向东边下沉。如果史坦诺的原始水平原理是正确的，那么那里倾斜的原因应该是随后的地面运动。在自西向东横跨英格兰的旅行中，他遇到越来越多年代较近的岩石，这帮助他绘制了其著名的地质图。他手工进行着色，标明地层的主要分布区域。

地层的命名　大多数主要地层被赋予了名称。有些采用了当地采石工人的名字，另外一些则由地质学家命名，其名称要么具有描述性，要么体现了岩石的位置。对于地质学家来说，将明显相似的地层序列进行分组是很自然的事情，随之而来的就是对各地质时期的命名。最早这样做的人中有德国地质学家亚伯拉罕·沃纳（1749—1817），他创造了"水成论"一词。虽然他误以为花岗岩也是在水下沉积形成的，但他认为绝大多数沉积岩是这样形成的观点却准确无误。亚伯拉罕·沃纳将地质年代分为远古时期、过渡时期、中生代和第三纪。他的第三纪至今仍然保留在地质柱状图上。

其他地质时期的名字则反映出了岩石最初被发现的地点。"寒武纪""奥陶纪"和"志留纪"这些名称源于威尔士部落，泥盆纪

（Devonian）岩石发现于英格兰西南部的德文郡（Devon），侏罗纪（Jurassic）岩石发现于阿尔卑斯山脉北部的侏罗（Jura）山脉，而"白垩纪"（Cretaceous）源于"粉笔"（chalk）一词的拉丁文。

罗德里克·默奇森爵士（1792—1871）是伟大的地层学先驱之一。他也在英格兰南部、阿尔卑斯山区和苏格兰进行重要的地质研究，其主要贡献是确立了"志留纪"。默奇森爵士是一个很有魄力的人，对自己提出的划分方式据理力争，这让他与英国地质勘探局的创办人亨利·德拉·贝施爵士产生了严重的意见分歧。德拉·贝施在其以为属于志留纪的岩层中发现了化石，而这些化石通常存在于石炭纪的煤层中，因此他主张化石不能用于判断地层。默奇森爵士则证明那些化石是在石炭纪的岩基中形成的，而石炭纪岩层和志留纪岩层之间是被侵蚀的一层，英格兰西南部古老的红色砂岩沉积物是为一例。于是，泥盆纪被创造出来以填补石炭纪和志留纪之间的空缺时期。

确定地层年代 1977 年，国际地层委员会成立，试图对地质时期进行准确的划分，并给出确切的时间。20 世纪上半叶，阿瑟·福尔摩斯（参见 4）艰难地进行了放射性定年法测定，其结果非常准确，之后只做了微调。

层层叠叠的岁月

37 生命的起源

生命很神奇，堪称一个奇迹，难怪有些人认定生命是神造的。生命的起源至今仍是科学界最大的未解之谜，但是，人类正在通过古代遗迹和现代科学实验揭开生命的奥秘。

生命的本质　即便是地球上最原始的细菌，也无法用"简单"这个词来形容。今天存在的所有生命形态都具有微妙的复杂性，所以很难将它们的起源想象成一种偶然。那么什么是生命的本质呢？

生命的本质似乎是一种复制和再生的能力，这就需要存在复制的对象，即定义生物体属性的密码或指令集。这就是地球上已知的所有生物的遗传密码，由双螺旋 DNA 及个例中的单螺旋 RNA 携带。此外还需要一种复制机制。就 DNA 而言，那是一个由蛋白质、酶和细胞结构组成的复杂系统。如果进化是通过随机改变完成的话，那么这个复制机制就不会完美，会引起各种可能的变异。为了发挥这种复制和再生的功能，生物体需要从所处环境中提取化学能或太阳能，而完成这种复杂的活动还需要某种膜或细胞壁。

生命的组件　受查尔斯·达尔文"温暖的小池塘"的启发，斯坦利·米勒于 1953 年进行了一项闻名后世的实验，展示了暴露在放电能量源下的气体能够产生多少化学成分。但也许产生这些成分并不是问题

大事年表

公元前 5 世纪	19 世纪	1861 年	20 世纪 20 年代
亚拿萨哥拉提出"泛种论"	大多数人仍然相信生命起源于偶然	路易斯·巴斯德通过无菌瓶实验证明生命并非偶然出现	俄罗斯的奥巴林和英国的霍尔丹提出了生命起源的第一个生化模型

的关键。在地球历史的早期曾频繁坠落碳陨石，在这些陨石中已经发现了生命体所必需的氨基酸和基质。这些陨石已经具备了构成生命的充分的化学成分，但是仍没有产生生命，就好比在废旧零件堆放场搞一次爆炸也无法制造出一辆汽车一样。

天然支架　在形成细胞结构之前，是什么将所有的化学成分结合在一起的呢？可能是一种黏土矿物，它们可以在很薄的岩床上形成，并且在邻近的岩床中可能会再生出有缺陷的晶格。另一种可能是黄铁矿（又称愚人金），它可能大量存在于缺少大气氧的环境中。

早期生命的最佳化学基础之一为 RNA。与稳定性更强的双链 DNA 一样，RNA 也可以携带遗传密码。重要的是，它还能充当酶，甚至催化自身的复制再生。

斯坦利·米勒

斯坦利·米勒（1930—2007）在进行他那项最著名的实验时，正师从美国芝加哥大学的哈罗德·尤里攻读哲学博士学位。他用一个装有少量水和气体的烧瓶仿造出地球早期的大气环境，并将其暴露在用电火花模拟的闪电中。几天后，一种深棕色的液体聚积在了烧瓶底部，分析发现其中包括了氨基酸和其他构成生命的化学成分。现在我们知道，米勒当时弄错了大气的成分。他在实验中使用的是氢、甲烷和氨的反应混合物，而大气的主要成分其实是二氧化碳和氮。但他证明了制造复杂的有机物化学成分并非难事。

1953 年	1986 年	1992 年	1996 年	2011 年
斯坦利·米勒在实验室中制造出了生命产生所需的化学成分	哈佛大学的沃尔特·吉尔伯特创造了"RNA世界"一词	威廉·舍普夫发现了来自澳大利亚的具有 35 亿年历史的微生物化石	大卫·麦凯声称在火星陨石中找到了微生物化石	马丁·布雷热在具有 34 亿年历史的岩石中找到了硫催化细菌的化石

藏身之所 "温暖的小池塘"在地球早期并不是一个安全之所。有些人认为,当时太空辐射、陨石和小行星的不停撞击已使得地球表面不适宜居住。他们提出,生命也许起源于海底的火山口附近,抑或地下的热液系统。

影子生物圈 正如达尔文认为的那样,一旦生命活动开始,就会消耗所有可用的有机成分。但自然的进化过程通常都不是独一无二的,因此生命很可能以不同的形态开始过很多次。复杂的分子通常可以以镜像粒子的形态存在。据我们所知,生命在形成过程中只使用左手性分子。右手性分子创造的生物,即第二起源的证据是否仍存在于地球上某个孤立的区域或地球的内部呢?炙热到无法支撑普通生命的热液系统可能是一处值得注意的地方。[①]

第一块化石 在寻找生命起源的化石证据的过程中,古生物学家遇到一个矛盾的问题。他们追溯的地质记录的年代越久远,褶皱、断裂、变质的岩石就越多。然而,他们寻找的是小而柔软的生物,不太可能在化石中留下遗迹。

> **人们常说形成第一个生命体的所有条件仍然存在,而且会永远存在。但如果我们能够想象在某个温暖的小池塘中,化合成蛋白质所需的氨和磷盐、光、热、电等都具备,且准备好经历更为复杂的变化的话,那么今天这样的物质在形成生物体之前就会立即被吞食或吸收。这是一个非常大胆的假设。**
> ——查尔斯·达尔文写给约瑟夫·胡克爵士的信,1871 年

① 手性分子是化学中结构上镜像对称而又不能完全重合的分子。——译者注

泛种论

地球生命的起源是个难解之谜，很多人曾提出生命起源于来自太空的种子，而且太空种子可能在整个宇宙中无处不在。这种观点被称为"泛种论"，最早是由希腊哲学家亚拿萨哥拉于公元前5世纪提出的。19世纪时，该理论因凯尔文勋爵等几位科学家的提倡而再次流行，并在20世纪得到了天文学家弗雷德·霍依尔的支持。霍依尔提出流行病可能与彗星的尘埃有关。而来自火星的陨石中存在的有争议的微生物化石表明，火星可能与太阳系的早期生命有更大的关联。但有些人指出"泛种论"回避了右手性分子是否创造了生命的问题，因为在地球以外的地方还是需要有"温暖的小池塘"的存在。

一些有着38亿年历史的最古老的格陵兰岩石包含了极小的碳微粒。它们的碳-13似乎比无机碳中略少，在今天看来这就是一种生命迹象。因此那些微粒也许就是地球早期生命的证据。在西澳大利亚，有着35亿年历史的变质岩中的微小结构体被认为是蓝绿藻或蓝藻细菌的遗骸，而较大的分层结构体则类似于稍后由蓝藻菌落构成的沉积物中的叠层石。在其附近有着34亿年历史的澳大利亚岩石中发现了一种物质，它们可能是微生物化石，来自当时温暖的浅海。它们似乎是从黄铁矿砂中的硫黄中获取的化学能。

从化学物质转变为生命体

38 进化

一旦建立起地层的时间序列，就可以从不同地层的化石中清楚地了解生命的变化。有一种理论对此进行了梳理，并解释了地球上动植物丰富多样的原因，这就是"进化论"。查尔斯·达尔文提出了物竞天择的物种起源理论，对生物学和古生物学产生了重大影响。

中世纪的欧洲沿袭了亚里士多德的几个错误理论，其中包括太阳绕地旋转，以及既定的生命形态反映了神圣的宇宙秩序。而二者中的天文学观点比生物学观点被推翻得早。到 18 世纪，人们才通过探险真正发现了大量的生命形态或物种。而且化石收集者的发现表明许多物种已经灭绝了，自然学家则不由地注意到某些物种之间的相似性，并推测它们之间的关联性。

遗传　此时的人们还不知道基因和 DNA，因此遗传的机制和多样化的途径就成了未解之谜。首先提出进化理论的是法国自然学家让－巴蒂斯特·拉马克。他在 1800 年的一次演讲中提出了两种遗传原理，一是不断增加机体的复杂性，二是适应环境。他推断，动物后天获得的特征可能会传递给下一代。也就是说，体格强健的铁匠生出健硕的儿子的可能性更大。同样，不曾使用的技能特征就会逐渐消失，就像地下的鼹鼠双目失明或鸟儿没有牙齿一样。

大事年表

约公元前 340 年	1686 年	1735 年	1751 年	1798 年
亚里士多德提出既定的生命形态反映了神圣的宇宙秩序的说法	约翰·雷提出了物种的概念，它们是由可观察到的特征定义的	卡罗勒斯·林奈提出了双名分类法，至今仍然适用于"属"和"种"	马保梯提出自然改变会积累以形成新物种	托马斯·马尔萨斯发表了人口论的文章

查尔斯·达尔文

查尔斯·达尔文（1809—1882）生于英国什罗普郡一个殷实的医生家庭。他在爱丁堡读书时对医学很不上心，并且觉得地质学枯燥无味，但他对自然历史很感兴趣，于是继续到剑桥大学求学。达尔文的妻子爱玛出生在富有的韦奇伍德家族，这意味着达尔文不用为生计而工作，能够潜心学习自然历史。

他负担得起"猎犬号"的旅行费用，并乘坐这艘船沿南美洲海岸线进行了长达5年的旅行，研究野生动物，采集物种。可能正是这次旅行启发了达尔文的自然选择进化论，但是他的代表作《物种起源》直到23年后才发表，也许是因为他担心这本书会在宗教界引发骚乱。

适者生存 1798年，一本名为《人口论》的匿名小册子问世了，后来证明它出自牧师托马斯·马尔萨斯之手。他提出种群的增长将导致生存斗争，最能适应环境的生物才会幸存下来，而不适应的将被淘汰。这篇论文对进化史上的两个关键人物产生了影响，他们就是阿尔弗雷德·罗素·华莱士和查尔斯·达尔文。

华莱士和达尔文二人背景迥异，而且旅行的方式也大不相同。达尔文乘"猎犬号"进行了为期5年的世界巡游，而华莱士却要通过兜售在东南亚的疟疾沼泽中收集的标本艰难地筹集路费。但二人都被同一件事物吸引，即动植物如何适应它们所处的特定环境。他们都认识到，只有最适者，即最适应环境的生物才能幸存下来继续繁衍。自然选择的概念由此诞生。

先例 1858年7月1日，伦敦的林奈学会宣读了两人的论文。当时华莱士仍在马来群岛，而达尔文还在襁褓中的儿子刚因猩红热去世，

1800年	1858年	1859年	1889年	1953年
拉马克提出后天特征的遗传蜕变理论	华莱士和达尔文的论文被提交给林奈学会	达尔文发表了《物种起源》	雨果·德·弗里斯提出基因的概念	克里克和沃森发现携带遗传密码的DNA结构

因此两个人均未能出席，他们的论文是由秘书代为宣读的。一年后，达尔文发表了关于物种起源的著名著作，并凭此获得了进化论提出者的殊荣，却也因此遭到了宗教对手的指责。

事实证明，进化论引起的争议超出了达尔文的想象，并由此引发了1860年的牛津之争，支持达尔文一方的托马斯·赫胥黎和代表反对方的主教威尔伯福斯各执一词。达尔文的表兄弗朗西斯·高尔顿提出了患有遗传疾病或有精神障碍的人们的适应性问题，最终导致了优生运动和强制性绝育。时至今日，即便是在大众受教育情况较为良好的美国，仍然有很多原教旨主义者相信动物的主要种群（特别是人类）是由上帝创造的。

今日的进化论　对"进化"这一概念至今仍有许多误解。一个广为流传的谬论称，人类起源于黑猩猩或大猩猩。其实不然。但在600万或800万年前，我们可能和它们拥有共同的祖先。化石记录非常不完整，虽然找出现代动物与其已灭绝的化石同源物种的相似之处并不难，但这种直接亲缘的主张却是个极大的错误。新闻媒体常常会滥用"存在于类人猿和人类之间的过渡物种"这一说法。然而随着越来越多的人类远亲

阿尔弗雷德·罗素·华莱士

华莱士（1823—1913）的出身背景与达尔文迥然不同。他的父亲为省钱不得不搬离伦敦，而华莱士自己则成了威尔士中部的一名土地测量员。他是非常热心的社会学家，总是为困境中的穷人考虑。为了给自己的研究旅行筹集资金，他只好靠收集标本出售给博物馆。在一次探险中，他因船只失火而失去了一切，但他仍然坚持科研活动。在马来群岛采集蝴蝶标本时，他想出了一个跟达尔文的进化论非常相似的理论。他很尊敬达尔文，于是写信将自己的理论大致告诉了达尔文并期待他的回信。也许正是这封信促使达尔文在1859年抢先发表了《物种起源》。

化石的发现，我们越发地清楚人类进化之树更像有许多分支的灌木丛。由于大多数分支皆已灭绝，我们也几乎无法判断哪些化石与人类的直接祖先有关。

很明显，在人类进化等方面，自然具有高度的创造性，而人类最终成功逃脱灭绝命运的独门秘诀也着实难以确定。

趋同现象 进化论批评者指着人眼般复杂的结构问："这怎么能偶然产生呢？"这是进化论所面临的挑战，而不是对进化论的挑战。最清晰的证据就是，不同物种的眼睛都是经过了五六次进化过程才形成的，鱿鱼、扇贝、虾类乃至人类皆是如此。但需要注意的是，并非所有的复杂结构都是从某个相似的结构进化而来的。在很多趋同进化的例子中，毫不相关的物种之间也能出现相似的进化方案，例如鲨鱼和海豚的流线型外形。

所以一般说来，存活的关键是适应和改变。但现实也不总是全部如此。某些生物会找到适合自己的生态位并低调蛰伏，以此延续。一个经典的例子便是一种叫作海豆芽的腕足类水生贝壳，它们成功地在大平洋的某些水域落户。而在有着 5 亿年历史的寒武纪岩石中，人们居然找到了和它们几乎一模一样的化石。

> **如果究其根源，世界无所谓设计或目的，无所谓邪恶或美好，只有盲目与冷漠，那么我们眼中的世界就和我们希望的完全一样。**
>
> ——达尔文

适者生存

39　埃迪卡拉的花园

　　在达尔文时代，没有人相信存在比寒武纪更为久远的化石。现在，我们的想法则完全不同。南澳大利亚的埃迪卡拉山脉中存在着大量6亿年前的化石，它们展现的地质时期和生物类型与今天我们所熟悉的迥然不同。

　　我们现在所知的在约 25 亿年前形成的化石其实是丝状藻类或蓝藻细菌的遗骸，也就是今天被称为绿藻类层的有机体。除了在印度发现的 11 亿年前的一组具有争议的蠕虫潜穴以外，成冰纪冰川作用之前的化石鲜有留存。

　　年代久远得难以置信？　今天，人们一致认为寒武纪始于大约 5.42 亿年前。达尔文及其同时代的人认为不存在比寒武纪更为久远的化石。但在 1957 年的一天，英国莱斯特郡的学生罗杰·梅森在查恩伍德森林攀岩时有了新发现，进而推翻了这一观点。他在岩石上发现了看似蕨类植物叶片的东西。那是一块前寒武纪的岩石，之前从没有人想过能在这种岩石中找到化石。罗杰给莱斯特大学的一位地质学家看了这块岩石，专家认为它确实是化石，并将它命名为"梅森恰尼虫"（Charnia masoni）。

　　其实，地质测量员亚历山大·默里已于 1868 年在纽芬兰的前寒武纪岩石中找到了圆盘状的化石，并将它们用作便于标记特定岩层的标志物，但由于它们的地质年代在寒武纪之前，默里不敢称它们为化石。

大事年表　前寒武纪

35 亿年前	25 亿年前	11 亿年前	10 亿年前	6.35 亿年前
出现第一个化石细菌的证据，可能是西澳大利亚的海藻	第一个清晰的丝状藻的证据出现	印度出现蠕虫潜穴	苏格兰西北部的托里登安出现淡水陆地微生物化石	成冰纪冰川作用结束

叠层石

最古老的大型化石结构呈分层圆顶状，直径达 1 米。它们被称为"叠层石"，是蓝藻细菌或蓝绿海藻的菌落。清楚辨明的最古老的叠层石有长达 27 亿年的历史，来自于西澳大利亚。这数千个叠层中的每一层很可能都代表了一天的增长。在埃迪卡拉纪结束时，叠层石也消失了，可能是因为许多生物以它们为食。今天仍有叠层石存在，尤其是在西澳大利亚的沙克湾温暖的浅海中。它们与具有 27 亿年历史的叠层石祖先的差别并不大。

埃迪卡拉纪　1946 年，一个名叫雷吉·斯普里格的年轻地质学家被南澳大利亚州政府派遣到弗林德斯山脉的埃迪卡拉山，查看是否能够通过重新开采那里的废矿获益。他在吃午饭的时候留意到类似水母的化石。他认为这些化石是寒武纪早期甚至是前寒武纪时期的。但当时他的发现没有引起反响，就连他写的论文也被《自然》杂志拒之门外。很久以后，前寒武纪时期和斯普里格在埃迪卡拉的发现才得到人们的重视。"埃迪卡拉纪"是在第一次发现之后 100 年才被命名的地质时期。它与文德期重叠，后者是根据在俄罗斯北部发现的前寒武纪化石遗址命名的地质时期。其他发现了埃迪卡拉纪化石的地区还有纳米比亚、纽芬兰等。

黎明时的奇异生物　在澳大利亚阿德莱德以北大约 200 千米的埃迪卡拉牧羊场中，可以找到一些最好的化石样本。它们在黎明破晓后显身，低角度的日照印出它们轻柔波伏的身影——苍蝇在此时也尚未苏醒。有些生物是类似蕨类植物的叶状体，最长可达 30 厘米，类似于恰

> **如果我的理论是正确的，那么毫无争议，在最底部的寒武纪地层在沉积之前经过了很长的数个时期……在这些时期中，地球上遍布着生命体。**
> ——达尔文，《物种起源》，1859 年

6.3 亿年前	6.1 亿年前	5.9 亿~5.65 亿年前	约 5.6 亿年前	5.42 亿年前
最早的埃迪卡拉纪化石胚胎出现	第一个大型的埃迪卡拉纪化石出现	中国形成陡山沱组地层，包含了保存完好的化石胚胎	莱斯特郡的梅森恰尼虫和纽芬兰埃迪卡拉纪化石的时代	埃迪卡拉纪和动物区系结束，寒武纪开始

埃迪卡拉海底一览，包含恰尼虫、狄更逊水母、三叶虫和斯普里格蠕虫

尼虫。有些为直径约 5 厘米的圆盘体，还有一些是带有平行波浪线的椭圆体。它们会是宽平的蠕虫状生物吗？它们中的一些直径甚至达到了 1 米！此外还有一种叫作斯普里格的蠕虫，状似被拉长的寒武纪三叶虫。

这些奇怪的化石到底是什么呢？圆盘可能起到了海底吸盘的作用，让叶状体的恰尼虫停泊其上。分段的椭圆形生物名为狄更逊水母，仿佛具有正反两面。它们可能爬行得非常缓慢，以海底的蓝藻细菌为食，有时还会留下充满黏液的足迹。但假如说这些化石中的生物类似水母、软珊瑚或分段蠕虫，那就太过轻率了，因为相像并不意味着有任何亲缘关系。

一个新的王国？ 事实上，德国古生物学家道尔夫·赛拉赫已提出，埃迪卡拉纪生物代表了一个包括植物、动物和真菌的全新的生物王国，并称之为埃迪卡拉生物群。道尔夫认为它们是巨大的单细胞有机体，细胞质中已有分区形成，类似于床垫上的菱格纹。他认为埃迪卡拉生物群没有内部器官，是通过皮肤吸收营养物质的，或其体内本身就有共生的光合细菌。

微生物黏液 关于埃迪卡拉生物群的生活环境同样存在争议。它们的化石是在坚硬的石英岩板之间薄薄的淤泥层中被发现的，而这里曾是沙地。沙地中的波痕代表的是浅水中的波浪或水流。这类化石通常在象皮纹理的板层的底面留下压印。据说，这种纹理源于供生物食用的微生物席（一层黏糊糊的海藻），它们在微生物的遗体上产生并有助于这些遗骸的保存。如果这些微生物是光合海藻，那也表明这里曾经是浅水环境。

晚餐时间 埃迪卡拉纪生物群清楚地表明，它们的身体没有坚硬的部位——没有壳，没有保护性的角质层，最主要的是没有颌。像狄更逊

化石胚胎

埃迪卡拉纪和寒武纪的各种肉眼可见的生命形态快速爆发，但定有其开端。古生物学家目前正在研究微生物化石以期找到答案。许多前寒武纪的岩石展现了变成化石的胚胎，它们中的一些大小还不及本书中的句号。保存最完整的标本来自于中国的陡山沱组地层，可追溯到大约 5.7 亿年前，比最大的埃迪卡拉纪化石稍早一些。先进的 X 射线技术揭示出胚胎内的单个细胞。许多细胞可能是海绵或珊瑚的胚胎，而另一些看起来左右对称的细胞可能来自寒武纪的节肢动物、蠕虫，甚至可能来自我们人类自己的祖先。

水母这样的生物非常脆弱，它们的流体囊长达几十厘米，但厚度可能还不到 1 厘米，这一点从它们形成化石前的折叠方式即可清楚地看出。很明显，狄更逊水母周围没有猎食者，否则它们不可能长久存活。因此，这一时期被称为"埃迪卡拉乐园"，堪称古生物的伊甸园。一位古生物学家曾经这样说道："一旦生物进化出坚硬的口器，狄更逊水母就要变成盘中餐了！"

进化过程中的早期试验

40 多样性

如果用一个词来准确描述生物体在过去5.4亿年的经历的话，那便是"多样性"。多样性发展始于海洋生命繁荣的"寒武纪大爆发"，随后，动植物移向了陆地并开始在地球的各个角落栖息。

地下生命 寒武纪自开始时就与宁静的埃迪卡拉泥淖花园迥然不同。海底遗迹中充满了潜穴和挖掘的痕迹。这里曾是以啃噬微生物席为生的狄更逊水母生活的地方，而现在蠕虫穴居在此。一些明显的遗迹化石所承载的并不仅是动物本身，还记录下了具体的事件。从一块化石中，人们可以清楚地看见一个从海床通向虫穴的隧道，隧道有1厘米宽且有很多细小爬痕，挖掘的迹象非常明显。但虫穴的主人蠕虫已然不在，想必它已经成了其他生物的盘中餐。

进化军备竞赛 有一种生物叫作"三叶虫"，是一种状似大土鳖虫的节肢动物，和今天的马蹄蟹是近亲。此时的三叶虫已经进化出一个坚硬的蛋白质外壳，它的腿和口器包裹在一个同样坚固的外骨骼中，而外骨骼实际充当了下巴的功能。无独有偶，在一块三叶虫化石中，其后部弯曲的部分不见了。仔细观察，会发现这部分不是刚刚折断的，伤口已经开始愈合，而且其坚硬的口器和一种名为"奇虾"或"古怪蟹"的更大的节肢动物的口器形状吻合。

大事年表 古生代大事记

5.42 亿年前	5.25 亿年前	5.1 亿年前	5.05 亿年前	4.4 亿年前
寒武纪开始，海洋呈现快速的多样化	中国西南部出现澄江动物群	加拿大伯吉斯页岩动物群出现	奥陶纪开始。海洋中出现鱼类，陆地上第一次出现节肢类动物	奥陶纪冰河时代结束

　　这是一个动物相食的世界，进化"军备竞赛"开始启动，并一直持续到恐龙时期以后。正如节肢动物发明了盔甲，软体动物和腕足类生物也发现了如何形成外壳来躲避饥饿的捕食者。但"军备竞赛"仍在继续。寒武纪的贝壳上有某种掠食动物钻出来的整齐的小圆孔，但我们不知道那是什么。

　　神奇的生命　奇虾及其同胞平整的遗骸在加拿大伯吉斯的页岩中保存得很完整，其他不太完整的遗骸则可以在中国西南部的澄江地层中找到。它们记录了海洋生物突然且惊人的多样变化，而这些五花八门的奇异生物乍看上去与今天地球上的任何生物都不相像。例如长着五只眼睛的欧巴宾海蝎，它前方的长嘴可能是用来摄取食物的。怪如其名的怪诞虫在身体一侧有两排体刺，另一侧则有许多触手，让人无法判断它的行走方式（事实上，它可能依靠触手行走）。马尔三叶形虫有很

伯吉斯页岩

　　1909 年，古生物学家查尔斯·沃尔科特和他的家人一起在加拿大西部的不列颠哥伦比亚省旅行，顺便寻找加拿大落基山脉中的化石。他妻子的马滑倒后，一块包含奇怪化石的岩块显露了出来。沃尔科特寻踪找到了这块岩块的出处——一个山坡。他在随后的 15 年中多次造访此处，还挖掘出了一个小型的采石场，收集了 65 000 多个保存完好的化石标本。他在余生中根据现有的动物种类将这些标本分成 10 类，例如甲壳类动物等。1966 年，剑桥大学古生物学家哈利·惠廷顿开始研究这些化石并发现了它们惊人的多样性，因而将此命名为"寒武纪大爆发"。

4.4 亿 ~4.2 亿年前	4.2 亿 ~3.6 亿年前	3.6 亿年前	3.35 亿年前
志留纪。海洋里出现珊瑚礁和爪鱼。植物回归陆地，蜘蛛和蜈蚣出现	泥盆纪。鱼类的盛世。青翠的植被覆盖陆地	石炭纪在一次大灭绝事件后开始	爱丁堡附近的黑泻湖出现早期四足动物，卵生爬行动物可能开始出现

来自黑泻湖的生物

3.35 亿年前，爱丁堡附近的东柯克顿有一个热带泻湖。它的四周是茂密的蕨类和石松类树木，但可能是因为附近的火山活动频繁，加之空气中的氧含量高，这里经常发生大火。从大火中逃脱的陆地生物死后被埋入了泻湖。由于氧气浓度高，蜻蜓、蝎子以及其他无脊椎动物的身长可达 1 米。原始的四足动物，即两栖类动物爬出了泻湖。它们中的一种被赋予了一个可爱的拉丁名字 Eucritta melanolimnetes，意为来自黑泻湖的美丽生物。另一种学名为"西洛仙蜥"的生物介于两栖动物和爬行动物之间，而它的别称"里兹"则更为人们所熟知。

多花边腿和附器。奇虾则有着用来游泳的分段皮瓣，球状头部的两个倒钩状附器用来将食物拽入圆形的嘴中——正因如此，奇虾最初被误认为是水母。这一切看起来就像是一次研究假想的畸形怪物的奇妙实验。至今，人们仍然在激烈地争论它们彼此之间的关系，以及它们与今天物种的联系。

无骨鳗鱼　在伯吉斯页岩中，有一种看起来微不足道的生物，名叫"皮卡虫"。在中国西南部的古老岩石中，有一种名为"云南虫"的生物与之非常相似。两者看上去都像漫画版的无骨鳗鱼。它们有着鳃裂和 Z 形肌肉块，贯穿背部的脊索说明它们可能已经拥有了神经纤维。它们有着脊索动物门的标志性特征，同样属于脊索动物门的还有鱼类、爬行动物以及包括人类在内的所有脊椎动物。回溯生物多样的寒武纪，我们需要展开丰富的想象力才能想象出它们是地球生物的前身。

入主陆地　在 2 亿年前的石炭纪早期，无骨鳗鱼已经进化为硬骨鱼并在海洋中捕食。它们中有些已经拥有四块肌肉鳍，最初可能用于在海床上移动。这时突然出现了新的威胁和新的机遇。或许是为了躲避捕食者，它们发现可以靠自己的鳍爬上泥泞的岸边。植物已经捷足先登来到陆地，繁盛的植物向大气中释放出的氧气量甚至超过了今天。上岸后的水生动物发现自己可以通过皮肤或鱼鳔吸入氧气，进行呼吸。一段时间内，它们的后代可以陆水两栖，但还是需要回到水中繁殖。不过它们最终能够在陆地上产卵。我们称其为爬行动物。

当然，这种进化过程并非一蹴而就。我们现在有中间阶段的明确证据。在爱丁堡附近的东柯克顿的一个采石场中，人们发掘出了一些引人注意的早期两栖动物的化石，甚至还有一个很像蜥蜴的生物，它们很可能就是人类自身进化过程中的过渡生物。

威胁与机遇　显而易见的是，威胁可为快速多样化提供机会。寒武纪生物进化出坚硬部位，导致了新的捕食与防卫策略的出现。奥陶纪生物进化出腿以及呼吸空气的能力，打开了通往陆地栖息地之路。只要存在有待开发的新栖息地和在那里繁衍生息的新途径，进化过程就会呈跳跃式快速发展。

> 66 地球上的生命从一开始就有如此亲密的关系，如果能够获取它们发展的完整记录，就能建立一条从最低等生物到最高等生物的完美生物链。99
>
> ——查尔斯·沃尔科特，1894 年

跳跃式的多样化

41 恐龙

　　始于寒武纪的进化"军备竞赛"在恐龙时代进入白热化阶段。在长达1.6亿多年的时间里，巨大的爬行动物统治着地球，它们的存在证明，进化出更大的身体是一种相当有效的生存方式。如今，恐龙依然是儿童读物与噩梦中的主角，也是博物馆展览和大制作电影中的当红明星。但并非所有恐龙都体型巨大，有些恐龙比较友善，甚至小巧伶俐。

　　恐龙是中生代的王者。它们最早出现于大约 2.3 亿年前的三叠纪晚期，是分布广泛的多样化爬行动物，目前已有 1000 多种恐龙被命名。理论上来说，这份恐龙名单不包括大型海洋爬行动物和翼龙，但包括了一种尚未灭绝的后裔——鸟类。

　　终极军备竞赛　恐龙电视纪录片似乎把所有恐龙都描绘成了大而凶猛的生物。这种类型的恐龙当然不少。最大型的恐龙是庞大的食草蜥脚类恐龙，而体形纪录保持者则是阿根廷长颈龙，它长近 40 米，重达 100 吨。与鼎鼎大名的兽脚类食肉恐龙、霸王龙展开竞争的，是体型稍大、有着鳄鱼般下颚和风帆状后棘刺的棘背龙，在凶猛程度上它更胜一筹，体重可达 8 吨。

　　如果动物界要在名称长短和瞩目程度上一争高下的话，恐龙自然拔

大事年表　中生代特色

2.5 亿年前	2.3 亿年前	2 亿年前	1.6 亿年前	1.5 亿年前
中生代三叠纪开始，爬行动物快速呈现多样化特点	晚三叠纪，最早有记录的恐龙出现	生物灭绝事件发生，侏罗纪开始	晚侏罗纪，陆地上出现梁龙和剑龙，海洋中出现上龙和蛇颈龙	始祖鸟飞翔在德国南部

玛丽·安宁

玛丽·安宁（1799—1847）出生在英国多塞特郡的莱姆里杰斯，这里的悬崖峭壁是她收集早侏罗世海洋爬行动物化石的理想地点。年仅12岁的时候，玛丽就发现了最早的鱼龙化石并获得确认。随后，她继续发现并确定了包括蛇颈龙和会飞的翼龙在内的许多恐龙种类。这是一个危险的工作，需要经常在冬季外出，在刚发生山体滑坡的地点寻找化石，以防它们被山泥冲走。1833年，玛丽在一次山体滑坡中险些丧命，也丢失了她的爱犬。但由于她是女性，社会地位不高且不信奉国教，玛丽·安宁很难获得当时的男性地质学家的认同，而且伦敦地质学会也一直没有接纳她。

得头筹，而其获胜的原因全部都要归功于其庞大的体形。下颌越有力，步幅越大，得到晚餐的机会就越多。

即便是对食草恐龙而言也是如此，身体越大，拥有的"铠甲"越多，成为别人晚餐的概率就越小。这是一场进化"军备竞赛"，恐龙用于支撑庞大身体的腿部和肌肉决定了它们的胜负。

温血还是冷血？ 体型庞大导致的问题并非只有如何支撑体重。现今所有爬行动物都是冷血动物。事实上，"冷血"是一个误称，其实它们的温度取决于外部因素。经过一个寒冷的夜晚之后，蛇需要在阳光下暖身后才能活跃起来。但有时它们也会过热。随着体形的增大，与体表面积对应的肌肉比例会下降。所以如果身体冰冷，暖身的时间就会变长，而如果体温很高，散热就会变得困难。

> **如果我们以寿命作为衡量的标准，那么恐龙无疑是陆地生命史上当之无愧的第一名。**
> —— 罗伯特·巴克，《恐龙异说》，1986年

1.45亿年前	1.25亿年前	8000万年前	6600万年前
白垩纪开始，出现最早的开花植物	中国出现有羽毛的恐龙	白垩纪晚期，陆地上出现暴龙，海洋中出现长头龙，空中出现翼龙	白垩纪结束，剩余的恐龙突然全部灭绝

恐龙时代显著的气候特征是气温比现在要高，所以保持凉爽可能是恐龙面临的一大问题。有证据显示，剑龙背部巨大的骨板中存在大量血管，它们可能和大象的耳朵一样起到了散热片的作用。

慈母龙是白垩纪的一种食草性恐龙，可长达9米。它们过着群居生活。做巢孵化的发现表明了它们对后代的关爱

此外，恐龙骨头的显微结构也表明恐龙可能是温血动物，也就是说，恐龙是和哺乳动物一样从内部控制体温的温血动物，但这一点还存有争议。在某些恐龙身上发现了细小的羽毛状绒毛，它们可能是为了隔绝外部温度进化而成的，这为恐龙或许是温血动物的论点提供了进一步的证据。

有羽毛的恐龙 近年来发现的最令人振奋的恐龙化石来自中国东北的辽宁省。浅水湖泊中的细粒状火山灰中完好地保存了很多化石。某些样本体现出了包括羽毛在内的微小细节。有些恐龙有着起隔热作用的外层绒毛，有些恐龙则长有和现代鸟类一样的中空管的大羽毛。很多恐龙的体型很小，其中一种叫作小盗龙，大小和鸡差不多，四条腿上长有丰满的羽毛。小盗龙似乎不能飞行，这些羽毛的作用更可能是求偶和交配。在进化出滑翔然后是飞行的用途之前，羽毛最初可能是用于隔热，然后是求偶。

现代鸟类具体从何时开始进化，又是如何进化至今的，这仍是一个颇具争议性的课题。与发现了始祖鸟的德国岩石相比，中国辽宁省的岩石大约晚了 2000 万年。始祖鸟在达尔文出版《物种起源》的一年后被发现，但其进化过程似乎缺少过渡物种。始祖鸟有着长长的羽毛并能够飞行，但它同时又有牙齿、长在翅膀上的爪子以及骨尾。它是否就是现代鸟类的始祖仍然存有争论。

恐龙分为鸟臀目和蜥臀目两大类，前者包含了鸟脚类恐龙和剑龙类、角龙类等食草类恐龙，后者包含了衍生出鸟类的兽脚类肉食性恐龙和大型食草蜥脚类恐龙。兽脚类肉食性恐龙，例如迅猛龙用双腿行走，奔跑速度也很快，所以它们有羽毛的同类可能就像今天的天鹅与鹈鹕这些大型鸟类一样，通过长距离助跑的方式飞上天空。尽管如此，像小盗龙这样有羽类兽脚恐龙的翅膀上则长有适于爬树的长长的脚爪。它们最早可能像滑翔机一样，从树顶上起飞。

伶俐、有爱心的恐龙 恐龙是卵生动物。化石证据表明它们做巢产卵并进行孵化。小型的恐龙蛋与绒毛的相关迹象表明，恐龙的幼崽小巧玲珑并且浑身长着绒毛，这些都是让成年恐龙产生关心和照顾等情感反应的特征。有些恐龙选择群居，不仅是为了抚养它们的幼崽，还因为成群结队比独来独往时捕获猎物的效率更高。

理查德·欧文爵士

理查德·欧文（1804—1892）学的是解剖学，后来对动物比较解剖学产生了兴趣。通过对动物骨头的细致观察，他坚信进化是有关联性的，但他常常怀疑进化机制是否像达尔文所说的那样简单。欧文对英格兰出土的大量爬行动物骨骼化石产生了兴趣，在 1842 年英国科学进步协会的一次令人难忘的讲话中，他生造了"恐龙"（意为"恐怖的蜥蜴"）一词来描述它们。今天的英国伦敦自然历史博物馆就是在欧文的推动下于 1881 年建成的。

大者生存

42 灭绝

如今，已知远古物种中的99%均已灭绝了。如果将那些尚未辨明的化石物种估算在内的话，这个比例会上升到99.9%之多。但它们并不是逐渐消失的。地质记录显示，地球上半数以上的物种是在五次大灭绝事件中消亡的，其中最著名的一次结束了6500万年前的恐龙时代。

这个画面需要用高速摄影机才能捕捉到。6500万年前一颗直径6~7千米的小行星猛烈撞入了墨西哥海域

第一批线索 1980年，诺贝尔奖获得者、物理学家路易斯·阿尔瓦雷斯和他的儿子地质学家沃尔特提出一种假说，用以解释发生在白垩纪与第三纪过渡期（K-T界线）的灭绝。他们认为此次灭绝事件是由小行星撞击引起的，证据来自从世界各地同一深度发现的一种苍白的黏土薄层。该地层含有高浓度的铱元素，铱在地球地壳中的含量稀少，却富集于小行星中。与此同时，在这个地层中，特别是在加勒比海附近，石英和熔融石砂砾的含量多得惊人，这是一种熔岩在大气中凝固后形成的球形小玻璃珠。

来自宇宙的撞击 最终，撞击的源头追踪到了墨西哥尤卡坦半岛附近的希克苏鲁伯陨石

大事年表　　主要的灭绝时期

4.4亿~4.45亿年前	3.6亿~3.75亿年前	2.51亿年前
从奥陶纪过渡到志留纪。两次事件毁灭了57%的生物属	从泥盆纪过渡到石炭纪。一系列灭绝事件毁灭了70%的物种	二叠纪到三叠纪的过渡期。大约96%的海洋物种和70%的陆地物种灭绝

希克苏鲁伯

20世纪六七十年代，地质学家在勘探石油储量时在墨西哥尤卡坦半岛附近发现了一个大坑，他们怀疑这是陨石坑，但由于石油公司没有发布详细的数据，这一提法几乎没有得到人们的关注。20世纪80年代，阿尔瓦雷斯假说引发了一场新的地质搜索，加勒比海再次成为焦点，这里的 K-T 边界层最厚，并含有疑似某次巨大海啸波的各种沉积物。海上能震勘探、航天飞机的雷达探测以及钻孔样本全都指向靠近希克苏鲁伯镇的尤卡坦半岛附近的环状构造。它是一个形成于 6500 万年前、跨幅达 180 千米的陨石坑残余物。

坑。计算显示，该陨石坑是由一颗直径 6~7 千米、速度超过高速子弹的小行星以低角度撞击所造成的。对于不幸的恐龙们而言，天空仿佛被火焰劈裂了一般。一秒钟之内，这颗小行星就在地球上撞出一个将近 30 千米深的洞。它融化了数万立方千米的岩石，熔岩的残余物在凹陷坑内形成了一个熔岩湖，可能维持了几十万年之久。低能量喷出物被足够大的力抛出，继而覆盖了上千千米以外的地区，并形成一层厚地毯般的岩屑。紧随其后的是上百米高的海啸。高能量喷出物大部分为蒸发岩，它们在落回地表并覆盖其上之前将大气击穿了，几乎到达了月球，摧毁了臭氧层并引发了全球性的大火。

不仅如此，这颗小行星还撞在了海洋中一层厚厚的石灰岩和硬石膏上。蒸发的硬石膏形成了全球性硫酸盐气溶胶云层，长年遮住了阳光，阻止了植物的生长，最后变成硫酸雨降落回地面。与此同时，蒸发的石灰岩向大气中释放二氧化碳，导致在随后的几百年中全球气候变暖。

2.05 亿年前

三叠纪与侏罗纪的过渡期。大约 55% 的海洋生物属和大部分大型两栖动物消失

6500 万年前

白垩纪结束，恐龙灭绝

下一次大灭绝

那么，大灭绝会再次发生吗？毋庸置疑，我们没有理由认为地球能够免于小行星的撞击或灾难性的火山活动。目前人类已经能够凭借一套良好的系统发现小行星并跟踪其轨道，但开发出偏转小行星轨道的技术尚需一些时日。有少量证据表明，灭绝事件往往每 6200 万年左右发生一次，可能是由于天文事件"刺激"了外太阳系的彗星。要知道，上一次灭绝事件就发生在 6500 万年前！但是，地球物种如今可能正在经历另一种灭绝的过程。以当前物种消失的速度来算，到 21 世纪末，地球上 50% 的物种可能会因为人类活动而消失，一方面因为人类以往的狩猎和对栖息地的侵占，另一方面因为即将发生的气候变化。

难怪物种灭绝的规模如此之大。也许实际情况更加可怕！来自原始小行星的碎片可能会产生多次撞击。在北海和乌克兰已发现同时期的小型陨石坑，而更有争议的一个大型陨石坑则位于印度的西海岸。

火山爆发　大灭绝事件还有其他可能的原因，它们也像小行星撞击一样致命。较有说服力的一种理论认为一系列大规模的火山喷发是一种原因。6500 万年前，印度次大陆漂移到一个地幔柱上方，位置相当于今天的留尼汪火山岛。熔融岩浆的上升脉冲分裂了次大陆，其中一部分向北撞向了亚洲大陆，一部分在科摩罗群岛附近沉入了海底。形成了印度的这一部分拥有地球上泛流玄武岩中最大的沉积物，也就是今天厚 2 千米、覆盖面积达 50 万平方千米的德干岩群的成分。这种火山灰和硫酸盐气溶胶在喷发过程中会反射阳光，导致全球气温显著下降。而由于二氧化碳的排放，气温随后又会上升。结果可能出现气候的波动起伏。

时间问题　有人支持撞击论，有人支持火山论。同时还有涉及气候变化或海平面下降的其他理论，其中任何一种猜测对已经灭绝的那 50% 的生物属和 75% 的动植物物种来说都是坏消息。但争议最多的还是行星撞击的时间。许多物种似乎在撞击发生前就已经开始明显减少，而且

> " 如果大型地外天体撞击地球这一完全随机的意外事件没有导致 6500 万年前的恐龙灭绝，那么哺乳动物可能仍是小型生物，在恐龙世界的角落和夹缝中生存。"

—— 美国哈佛大学生物进化学家斯蒂芬·杰伊·古尔德

这次撞击可能发生在物种灭绝速度达到最快的 30 万年前，然而这段相对较短的地质时期却难以测量。火山爆发现象在 K-T 界线出现的 200 万年前就已经开始了，这可能是物种衰减的开始。人们的共识是，以上所有理论都有可能是正确的。某一生物系统中的一次灭绝事件可能是长期累积和短期冲击共同作用的结果。

最大的灭绝事件　无论出于什么原因，灭绝事件已经发生过多次，而 K-T 事件的规模也算不上最大。这一尴尬的"荣誉"属于 2 亿 5140 万年前的二叠纪末期。这一时期被称为"生物大灭绝"时期，96% 的海洋生物和 70% 的陆生脊椎动物从地球上消失。这一次没有被严格确认为小行星撞击事件，因为当时海洋地壳较为年轻，所以即便在海洋中发生过撞击的话，记录也已相继消失了。但当时的西伯利亚出现了一场目前已知最大规模的泛流玄武岩，200 万平方千米内的土地均被熔岩覆盖。

总而言之，在过去 5 亿年中有过 5 次大的灭绝事件，地球上至少一半的物种因此消失，此外还有至少 16 次较小的灭绝事件。长期的累积和突然的冲击对各类物种造成了致命的打击。

灭绝——
翻天覆地的变化！

43 适应

最近的6500万年是哺乳动物的时代。起初，哺乳动物体型较小、身体毛茸茸的、温血，在恐龙退出地球舞台之后，它们变得具有适应能力并开始多样化。但和恐龙一样，哺乳动物也发现了"大者生存"的秘诀，只不过它们需要忍受气候的变化。为了适应环境，类人猿开始使用工具。

雌性哺乳动物可以简单定义为拥有乳腺、能够产奶并哺育幼崽的动物，这是我们今天的定义。由于没有完好留存的乳腺化石，所以最早的哺乳动物只能根据颌部和耳朵来确定。所有哺乳动物的下颚都是一块单骨，但其他颌类脊椎动物则拥有三块主要的下颚骨。哺乳动物的其他两块下颚骨存在于中耳内，所起的作用完全不同。

类哺乳类爬行动物　在真正的哺乳动物出现以前，曾经有过类哺乳类爬行动物，或者叫兽孔目。它们曾与恐龙的祖先相争，而且几乎占尽优势。二叠纪晚期，有些类哺乳类爬行动物和犀牛的大小差不多，是当时绝对的捕食者。然而地球在二叠纪结束时经历了一次灭绝事件，70%的陆地脊椎动物物种就此消失，类哺乳类爬行动物也在其列。脊椎动物在三叠纪经历了3000万年的时间才重现地球，而这一次恐龙取得了霸主地位，这段时期也被称为"三叠纪更替"。

大事年表　哺乳动物时代

2.7 亿年前	2.48 亿年前	1.25 亿年前	8500 万年前	6500 万年前
最早的类哺乳类爬行动物	二叠纪大灭绝，进入三叠纪	最早的单孔类和有袋类哺乳动物	很可能是最早的胎盘类哺乳动物	白垩纪灭绝事件，恐龙灭亡

即便是在三叠纪，类哺乳类爬行动物仍具有适应性。它们有一块骨质次生腭，很可能方便了咀嚼和消化，而且可以实现同时呼吸与进食。一个叫作犬齿龙目的群体可能已经进化出了毛发，成了可以分泌乳汁的温血动物。有些物种是穴居动物，在某一潜穴系统中发现的 20 个被山洪所困的个体表明，它们是群居性动物。

最早的哺乳动物　哺乳动物很可能是由犬齿龙目进化而来的。最初，它们像鼩一样体型矮小，夜间出没并以虫类为食。这样的体形有助于它们避开饥肠辘辘的恐龙，也有利于进化出温血、保温的毛皮以及良好的嗅觉。复杂的嗅觉需要一个更发达的大脑，这可能是导致哺乳动物智力进化的动力之一。早期哺乳动物大多身长不超过 50 毫米，因此它们在整个中生代留存下来的化石非常稀少。

巨型动物

哺乳动物从来没有在进化"军备竞赛"中和恐龙相争过。然而，随着气候的变冷和它们种类的多样化，体型增大成了一个有效的生存策略。几乎所有科目的哺乳类中都产生过大型动物，袋鼠和袋熊便是袋类哺乳科的代表。此外还有猛犸象和长毛犀牛、巨型短面熊和巨型麋鹿、巨型河狸和剑齿猫。它们的寿命越来越长，天敌越来越少，但繁殖的速度却在变慢。这些哺乳动物中的大部分在最近 5 万年间灭绝，一种普遍的猜测是人类狩猎是它们灭亡的主要原因。当然，一部分幸存下来的巨型动物，如大象、犀牛、鲸、大猩猩、老虎等，仍然面临捕猎、偷猎或栖息地被破坏的威胁。

5000 万年前	700 万年前	350 万年前	180 万年前	10 万年前
快速多样化形成了主要的现代哺乳动物科	人类和黑猩猩最后的共同祖先	气候变冷促使人类进化	非洲出现直立人	智人离开非洲

智人

有一种哺乳动物对地球的改变超过其他任何物种，那就是智人，即我们人类自己。完全进化的现代人类已经存在了 10 万多年，他们走出非洲并征服了世界。在人类之前出现的是直立人，他们同样有着发达的大脑，会使用工具，用双脚行走。现代人类的一支可能在 100 万年前离开了非洲，在北欧演化成为穴居的尼安德特人。有迹象表明，可能为人类祖先的阿法南方古猿在 360 万年前就已经可以直立行走了，甚至在此之前在非洲也存在几支可能为人类祖先的类人猿。

1.25 亿年前，三个今天仍然存在的主要哺乳动物种群发生了分化。像鸭嘴兽这样的单孔目动物是最原始的哺乳类动物，它们没有乳头，乳汁的分泌类似汗液从肌表排出。有些袋类哺乳动物在产下幼崽后，会让它们待在育儿袋内吮吸乳汁；而像我们人类这样的胎盘类哺乳动物会在母体内培育胎儿，直到它们发育成熟。

> 66 在所有自然历史著作中，我们不断地揭示动物适应食物、习性以及人们发现它们时的栖息地的奇妙细节。99
>
> ——阿尔弗雷德·罗素·华莱士

适应 似乎大部分主要的哺乳动物目在白垩纪时期就已经出现，但现代哺乳动物则直到 6500 万年前恐龙消失后才出现。它们之间是如何关联的，至今仍是一个颇具争议的课题，它们的联系取决于你如何看待化石解剖学，或者现代物种间的分子相似性。不管怎样，现代哺乳动物的种类五花八门，而且它们之间的有些相关性令人惊讶。例如，海豹与猫、狗是近亲，鲸、海豚与猪、牛最亲近，与大象亲缘最近的是儒艮和海牛。如同这个列表显示，迎合各种可能的生存方式的多样性和适应性是哺乳动物生存的关键。因此哺乳动物才出现滑翔、攀山凿洞、啃咬、食草、食腐以及残杀的行为。

可能的人类祖先：兔猴，狐猴的一种（5000 万年前）；原康修尔猿（2000 万年前）；南方古猿（250 万年前）；能人（180 万年前）；直立人（160 万年前）；早期智人；现代智人

最早的人类 哺乳动物进化的最终转折是人类这一物种的出现。这也许是哺乳动物的终极适应，因为人类在进化中用工具和技术来使环境满足自己的需要，从而带来了比生物进化更快的变化。人类祖先的化石极为罕见，但是在耗费大量精力之后，很多可能为人类祖先的化石已被发现。现在，人类进化的一些特征已然很明了，如用两条腿走路以及脑容量增大。然而回溯几百万年前众多的古人类，哪一支是我们的祖先，或者有没有我们真正的祖先，尚不明了。生物之树就像枝繁叶茂的灌木一样支系庞杂。

哺乳动物进化
并改变世界

44 化石分子

化石并不仅是变成石头的生物体遗骸。灵敏的新型分析技术显示，生命体中的化学物质偶尔能够残留在化石中。这些分子化石为研究生物进化及进化过程提供了新的线索。与此同时，现存物种的基因中携带有祖先的遗赠。

生命体的化学物质既复杂又脆弱。死亡后，它们会在数小时、数天或数年内分解殆尽。但是在某些情况下，有的分子或者至少是它们的碎片能够延续数千年或数百万年，为考古学家甚至是古生物学家了解过去的生命体打开一个新的窗口。

化石化 大部分动植物死亡后会被吃掉。在被大型食腐动物和微小的细菌与真菌蚕食后，动植物遗体只有矿化的部分会留存下来，例如贝壳和骨头，而即便是矿化的部分也会经过侵蚀、溶解化为尘土。被迅速掩埋且避开了早期破坏的生物遗体会渐渐被其他矿物质填充和取代，其过程类似沉积岩的成岩作用。

分子年代测定 有时，贝壳或骨头中的矿物质俘获了蛋白质和DNA并加以保存，但是它们仍然会以稳定的速度自然衰败。与放射性衰变不同，这种衰败是一种化学过程，它的反应速度取决于温度等外部因素。因此，在年代测定上，有机分子的作用不及同位素。尽管如此，

大事年表　人类最亲近的共同祖先

4.6 亿年前	3.4 亿年前	3.1 亿年前	1.8 亿年前	1.4 亿年前	1.05 亿年前
出现鲨鱼	出现两栖动物	出现爬行动物恐龙和鸟类	出现鸭嘴兽	出现有袋类哺乳动物	出现大象

基因跟踪

　　DNA 检测能够解决亲子纠纷，也能揭示出更遥远的祖先。母系遗传的线粒体 DNA 和通过父系继承的 Y 染色体 DNA 能够揭示出古代迁徙中的性别差异。（欧洲西北部沿海居民的 Y 染色体中有大量维京人 DNA！）大量遗传性状或多态性成了抗病性的证据，而且它们能揭示出疾病在过去的地理分布，以及来自受疾病影响地区的人类移民。这二者最明显的证据都来自疟疾的感染，它会导致大量的抗性多态性。其中一些似乎已经传入欧洲，可能是通过随亚历山大大帝征战亚洲归来的士兵们带回的。

　　它们会被应用在某些情况下，典型的例子就是众多非洲史前考古遗址中被乱扔一气的鸵鸟蛋壳。很多蛋白质都能够以两种互为镜像的形式出现，即左手征分子和右手征分子。生命体中的蛋白质都是左手征，但它们在死后则衰变为左手征或右手征，这一过程被称为外消旋化作用。因此，给定温度，右手征蛋白的比例就能成为定年的手段。

　　古代基因　DNA 是一种脆弱的分子，在水解作用下会快速分解成碎片。但是这些碎片能够留存于贝壳、骨头、牙齿或其他像琥珀这样不透水的材料中。同蛋白质的衰变一样，DNA 的分解速度也取决于温度，所以，举例来说，与撒哈拉沙漠中留存的同时代的骨头相比，西伯利亚永久冻土中保存的猛犸象残骸含有有用 DNA 的概率要大得多。

8500 万年前	7500 万年前	6300 万年前	4000 万年前	1800 万年前	1400 万年前	700 万年前
出现狗、马和鲸	出现啮齿动物、兔子	出现狐猴	出现新世界猴	出现长臂猿	出现红毛猩猩	出现黑猩猩和倭黑猩猩

现代技术，特别是聚合酶链式反应，能够利用一块 DNA 碎片制作出成千上万份副本，然后进行基因测序。但是反应过程的敏感性使得 DNA 很容易受到污染。最容易分离的是线粒体 DNA，因为每个细胞的细胞质内的微循环中都包含了许多原件。核 DNA 的分离则要困难许多。尽管如此，已经有足够的猛犸象 DNA（包括线粒体 DNA 与核 DNA）得到了恢复，用于调查它们与现代大象之间的关系。奇怪的是，只接受母系遗传的线粒体 DNA 显示出与亚洲象密切关系，而猛犸象的核 DNA 却与非洲象更加相近。

起死回生　如果能够找到充足的 DNA 来重建全套基因组，复活已经灭绝的物种在理论上也许是可行的。但这在实践中并非易事。日本一个研究小组尝试了上千次，才用一只在实验室冷藏器里保存了 16 年的死老鼠的细胞克隆出七只活鼠。如果使用保存温度更高、年代更久远的博物馆标本的话，将会难上加难。但像渡渡鸟、斑驴和袋狼这样已经消失物种的 DNA 则从博物馆标本中分离出来了。克隆冷冻老鼠细胞的这个日本小组认为，他们可以在五年内用冷藏的 DNA 复活猛犸象。具体操作是，将所用猛犸象的 DNA 替换大象的 DNA，将其嵌入大象的卵细胞，并移植到一头活象的子宫中。

真实的侏罗纪公园

在电影《侏罗纪公园》里，科学事实被过度夸大，科幻作品一向如此。影片中暗示，以恐龙为食的吸血昆虫可能会被困在琥珀中，恐龙的 DNA 会保存在它们的胃里，由此可以重建全套基因组并将恐龙克隆出来。但实际上，琥珀中昆虫自己的 DNA 尚且无法提取并复制，更不用说恐龙的 DNA 了。即使有了恐龙的 DNA，也已经被分解成了非常细小的碎片，因而就算使用复杂的超级计算机也无法将其化学组成重新拼建起来。也许我们该庆幸，霸王龙终于彻底灭绝了。

>   **❝** 几乎生命体的方方面面都是构建在分子结构之上的，不了解分子的话，我们对生命本身只会有非常粗略的认识。**❞**

—— 弗朗西斯·克里克

活化石　化石 DNA 非常罕见，但是所有动植物都是其祖先活分子化石的载体。对生物进化关系持怀疑态度的人只需看看不同物种基因的相似性即可。执行生命基本功能的基因广泛地保存在众多物种之中。人类不仅与黑猩猩有着相似的基因，与果蝇甚至酵母菌也有少许共同的基因，甚至和香蕉有 50% 一样的基因！

分子钟　某一物种的基因组中还包含了所谓垃圾 DNA 的长长的序列，其作用并不显著。发生在这些区域的基因突变会代代遗传，渐渐形成像分子钟一样的累积，有可能因此分析两个物种在何时分化。分子钟并不能提供一个绝对的年龄，除非用化石证据进行校准，但它能给人以启示，例如，早在人类和黑猩猩分化之前，人类和红毛猩猩就已经有过两次分化。根据分子钟进行推算，黑猩猩与人类最近的共同祖先生活在 700 万年前。根据分子钟得出的进化关联判断与解剖学的推断一致，但是它们之间的差异也足以导致激烈的争议。

分子揭示出的进化

45 人类世

自从11 700年前冰河时代结束以来，人类正处于地质学家称为"全新世"的时代，享受着相对稳定的气候环境。农业和城市得以出现，全球贸易成为可能。然而，有些地质学家认为人类活动正以不可逆转之势改变着地球，我们已经进入了一个他们称为"人类世"的新地质年代。

"人类世"一词由生态学家尤金·史托莫在2000年提出，并被诺贝尔化学奖得主、化学家保罗·克鲁岑推而广之。他认为，人类对世界的改变太大，最终将会在地质记录中划分出一个鲜明的时代。

进入新纪元 以往地质记录中的"世"通常会持续1000万年左右，因此仅有1万多年的全新世非常不起眼，于是有人提议将全新世更名为人类世。这个说法刚好和新石器时代农耕的兴起相契合，此时林地首度被开垦以便耕种，但自然界并没有太大的变化。

地质学家们在寻找新纪元的标的物，即他们称为"金钉子"的东西，也就是在世界各地的任何岩石中都存在的明显标志物。有一个可能为金钉子的标志来自2000年前，当时正值罗马进行大规模的铅矿开采和冶炼，就连远在格陵兰岛的冰芯中都留下了明显的金属痕迹。另一种观点认为，1800年工业时代开始前后也是一个标记。沉积物和冰芯中

大事年表　地质记录中的人类印记

260 万年前	公元前 7000 年	公元 1 世纪
首次在东非出现大量石器（奥尔德沃文化）	人类砍伐森林，最早的城市出现	冶炼导致沉积岩芯中铅的含量增加

的水银含量上升，这是由于煤炭燃烧使得水银被释放。与之相伴的是人口的快速增长和当时开始呈上升趋势的大气二氧化碳含量。

还有一种观点则认为人类世应该始于第二次世界大战结束的 1945 年。它标志着人口数量的进一步提高和城市化进程的加深。未来几百万年，这段地层能够轻易地从沉积物中识别出来，因为它有着核时代开始的印记。在日本广岛和长崎上空引爆的原子弹以及随后开展的大气爆炸实验将在放射性同位素中留下印记，它们现在埋藏在世界各地的同时期的泥层中。

变化程度 最新的地质年代、第四纪的开端是以一连串冰河时代的开始为标志的。当前这个时代的开端可追溯到恐龙灭绝和气候快速变化那个时期。因此，人类所引起的各种变化能否像前面提到的那些地质年代一样，成为未来地质记录中显著的一笔呢？

代、纪、世？

地质时间是按层次结构划分的。持续近 40 亿年的前寒武纪是包含了三个京年的超级宙。排名第四也是最新的显生宙目前也已经持续了 5.42 亿年之久。它依次被划分为三个代：古生代、中生代和新生代。它们各自都包含了数个"纪"，例如侏罗纪和白垩纪。"纪"又被进一步划分成"世"，每一世通常在 1000 万年左右。我们现在所处的第四纪包含了更新世和全新世。问题是，人类世所代表的重大变化是否足以使它上升为比世更高级的纪或代？

1800 年	20 世纪	1945 年	约 1970 年
大气中的二氧化碳开始增加	汽车尾气导致沉积物中的铅含量达到第二个峰值	首次在世界各地的沉积物和冰芯中出现原子弹所产生的放射性同位素	塑料碎片大量出现在沉积物中

> **在一次会议上，当有人论及全新世时，我突然意识到这是一种错误的提法。世界变化太大，但我们只处于人类世。我只是一时冲动创造了这个词，大家都感到震惊，但它似乎被沿用了下来。**

——保罗·克鲁岑

大规模灭绝　与詹姆斯·赫顿提出的缓慢而循序变化的深时相比，人类最近 70 年的变化显得耸人听闻。这一时期被称为"大加速"。全球人口在此期间增加了一倍多。二氧化碳排放量增加了 6 倍。地球的平均温度开始升高，海平面也随之上升，许多冰川已经消融。海洋中的藻类生物量减少了 40%。自然栖息地的数量减少了 90%，物种灭绝的速度比正常灭绝速率快了 10 到 100 倍，可能和白垩纪末期的灭绝速度一样快。从地质学的角度来看，早期人类世将成为有史以来的大灭绝事件之一。

人类遗迹　假设科技的发展不会阻止地球上正常的地质过程的话，人类文明会在 1 亿年后的岩石中留下什么线索呢？有气候变化、物种灭绝、生物多样性丧失的证据，还会有核工业遗留下来的放射性同位素。而我们建造的纪念碑、城市还有住宅将会如何呢？

大部分地质沉积物都是在水中沉淀的，但人类生命中的大部分时光均在陆地上度过。海洋沉积物中可能会有人类偶而从船上扔下来的玻璃瓶，或许还有一些沉船。然而在陆地上，侵蚀会进行无情的破坏，即使是砖头和混凝土也终将被分解成砂砾，尽管是奇怪的沙子。此外，对于今天的沉积岩来说，几乎所有正在沉淀的沙子都含有一小部分新成分，即碾成沙粒大小的塑料微粒。

不过，个别化石之城将会残存下来，例如新奥尔良、阿姆斯特丹、威尼斯和达卡这样建造在海平面甚至是海平面以下的城市。在河流三角洲这样的地区，正在堆积的厚厚的沉积物导致了地面的沉降。即使地面

化石之城

遗留在地面上的废弃城市最终将被侵蚀，作为颗粒沉积物进入岩石圈。但位于地面下的地基或被海洋淹没的城市则有可能会被埋葬和形成化石。1亿年后，还会留下些什么？铁会生锈；木材会腐烂或碳化；砖头可能软化并变成灰色，如同烧制过程的逆反应；混凝土也会被粉碎。如果人类遗存被埋得足够深，高温和压力会使它们发生改变。塑料会还原成石油，砖头会变成变质片岩，混凝土会变成大理石。最终，一切都可能会熔化成花岗岩，抹去所有人工的痕迹。

不会下沉，上升中的海平面也将最终吞没地势低洼的城镇，将它们埋在泥土之下好好封存，以待遥远未来的地质学家们再来发现。

人类留下自己的印记

46 未来资源

目前地球上的人口已超过70亿。据估计，如果所有人都采用普通美国人的生活方式，则需要五到六个地球才能维持人类的存续。那么，人类如何才能过得舒心、持续发展、量入为出呢？

除了日光以外，人类赖以生存的所有物质都来自地球，从我们吃的食物、穿的衣服到建造房屋的材料和驱动运输工具的能源，无不来自地球。人类是一个心灵手巧的物种，而且会发明新的技术以便提取更多的地球资源，实现物尽其用。但显然，我们生活在一个对资源的需求处于峰值的时代，石油如此，可能所有资源均如此。

> **66** 保护自然资源是问题的根本。除非这个问题得以解决，否则就将无法解决其他所有问题。**99**
> ——西奥多·罗斯福，1907 年

生活必需品 有人认为，假如人类不会运用技术进行狩猎和觅食的话，那么其人口将只有现在的万分之一。当新石器时代兴起农业时，人类数量就超过了 70 万。自此以后，除了几次由黑死病之类的瘟疫造成的倒退外，地球人口一直呈增长趋势。它在 1800 年左右达到了 10 亿，到 1927 年翻了一番，到 1974 年又翻了一倍，到 2011 年达到了 70 亿。

这一切都因为农业的大发展。尽管还有许多人营养不良，但是大饥荒已经很少发生了，这主要归功于作物育种、化肥和农药的改良。然而，

大事年表 它们何时耗尽？

13 年后	29 年后	30 年后	40 年后	45 年后
铟（用于制作 LCD 屏）	银	锑	已探明的石油储量	金

海洋开采

由于传统矿藏即将枯竭，人类必须开发新的采矿技术。浩瀚的深海海底覆盖着富含锰、钴等元素的结核，而且开采方案已经提出，可能需要使用超长的水下吸入管道。海水自身也含有宝贵的矿藏，尽管数量稀少。重点问题还在于如何提取。海水中3%的锂就足以为地球上所有家庭的电动汽车供应能源。

所有这些都要付出一定的代价，而且无法永续。30%的陆地面积，包括最适合农耕的大部分地区，已被用于农业生产。在其中部分地区，集约种植、化肥和灌溉正在过度消耗那里的土壤。随着农业的日益繁荣，越来越多的人想要摄取更多的动物蛋白，这就需要消耗更多的土地和水资源。淡水的供给可能很快就会成为世界部分地区最大的政治问题之一。

珍稀元素 新的技术，特别是电子工业方面的新技术，开始要用到相对稀缺的元素。例如，制造液晶显示屏需要使用铟，一些新型太阳能电池需要镓，风力涡轮机和电动汽车的马达用到的最好的磁铁需要钕，钽用于手机，而铽则用于灯泡的荧光涂料。

很多稀土元素储量极少且难以提取。许多稀土元素采自中国，但由于中国自身工业发展的需求，可用于出口的数量越来越少。英国地质调查局发布了一份濒危名单，根据稀有度、地理分布和开采国的政治稳定性对元素进行了评分。名列前茅的濒危元素是锑、铂、汞、钨和众多稀土元素。

59年后	61年后	67年后	116年后	120年后
铀	铜	天然气（包括水合天然气）	钽（用在手机等电子产品中）	煤

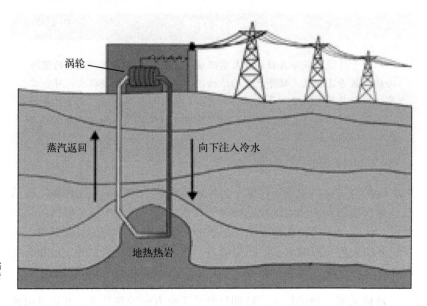

涡轮

蒸汽返回

向下注入冷水

地热热岩

地热发电站将冷水注入钻井，冷水被加热成蒸汽后上升并推动涡轮

变化的需求　如果新技术普及开来，某些稀土元素将会突然供不应求。例如，电动汽车的流行会对制造其电池所用的锂和制造发动机磁铁要用的钕产生高需求。一辆丰田普锐斯通常含有一千克钕。如果大规模生产使用燃料电池的汽车，那么铂需求就会骤然上升。如果世界上所有的交通工具都使用燃料电池，那么地球上已探明的铂储量将在 15 年内用完。处理汽车尾气的催化转换器也用到了大量的铂。大多数的铂随着汽车尾气流落在路边，其含量超过了 $1500mg/m^3$，几乎达到了可以开采的水平。

化石燃料　按照现在的消耗速度，已探明的石油储量将在 40 年左右的时间里消耗殆尽。如果我们已经达到了消耗石油的峰值，今后石油消耗量可以减少，供给时间还能延长。新的能源储备将会被发现，但难度会越来越大，且提炼的成本极高。随着燃油价格的上涨，新能源相比之下会变得经济。即便如此，下个世纪也终将不会再有石油。

天然气储量也将在 21 世纪耗尽。但是，如果能够找到安全、经济的方法从海底提取甲烷水合物的话，未来 100 年的油气供给将有保障。按照目前的开采速度，煤炭储量还有 120 年的使用年限。

核燃料　现代核电站主要依赖铀这种燃料，但现有的铀储备只能够维持 60 年。当然，更多储量有待进一步发现。但已有分析家建议，应该发展使用储量更丰富的钍作为核电站的主要燃料，钍不仅使用方便，而且产生的放射性废弃物也更少。最终，核电站反应原理和太阳动力来源如出一辙，即核聚变。适合的燃料元素可以从海水中提取，尽管它们的存量微乎其微。"阿波罗 17 号"的宇航员哈里森·施密特甚至曾提议从月球表面的风化层开采氦 -3 作为聚变燃料。

太空资源

从能源的角度来看，进入太空代价高昂，但至少在落向地球时，重力的作用会帮你节省一些燃料！俘获合适的小行星并将其拖回地球，如果将其带回地面时它没有完全燃烧蒸发的话，它所含有的铂和重金属能够满足人类一个世纪的需求。等到人类有这般能力时，可能更希望利用这些元素在太空中制造新的宇宙飞船和栖息地。未来的能源可能来自在月球上开采的氦 -3，甚至可能是从太阳风中截获的清洁的氢。

人类对资源的消耗
不利于可持续发展

47 未来气候

气候变化是现今的热门话题。有些人相信科学家建立的气候模型所做的最坏的预测，少数人则仍然持怀疑态度。但是从地质角度来看，无论是过去还是将来，气候的变化都不可避免，只是变化多少、变化快慢以及我们是否能为此做些什么的问题。

快速浏览地质记录（参见 31）就会发现，在过去漫长的地质时期内，地球气候的稳定状态和现在大相径庭。历史上曾有过平均温度比现在低七八度的冰河时代，也曾有过持续温暖的时期，例如平均温度比现在高 10℃ 或 15℃ 的中生代。古今差异是诸多因素共同作用的结果，包括太阳的变化、地球轨道的变化以及大气中温室气体含量的变化。但此前从未有过任何一个时期在一个世纪的时间里就将地球上的大部分化石燃料燃烧殆尽。

铁证如山 大气二氧化碳水平上升的证据无可争议。温室效应的物理学原理已经明确，但是，较难证明的是其所导致的全球平均气温变化的具体度数。地球温度迄今为止的变化情况清楚地反映在了著名的"冰球杆走势图"中，之所以这么叫，是因为地球的平均气温在 1000 年来基本平稳，而在最近 50 年里骤然上升，形状如同平放的冰球杆。这张图向前回溯了 1000 年，但由于 1850 年前的气温数据并非得于温度计，所以有人怀疑它的准确性。但气候学家几乎一致认为地球正在变暖。

大事年表　未来的气候

今天	2012 年	2100 年	2200 年
气温在过去 1 万年里接近正常水平	气温开始上升 0.8℃	二氧化碳水平是工业化前的两倍，气温上升 3℃，海平面上升 0.5 米	南极洲西部开始消退，海平面上升 3 米

模型和预测 预测地球变暖的未来趋势是一项复杂的工作。只是预测未来几天的天气情况，都需要用到一台超级计算机，因此对本世纪未来的气候进行预测更是困难无比。人们建立了越来越多的地球气候系统模型，涉及各种细微变量。尽管它们计算出的具体结果有所不同，但几乎无一例外地指出全球变暖仍在继续，到 21 世纪末气温将会上升 2℃ 到 4℃。

两极消融 正反馈程度是全球变暖的一个不确定因素，即小幅升温也可能会成为诱因，导致更大幅度的升温。这样的过程包括破坏海洋环流、释放天然气水合物的甲烷或者北极冻原的二氧化碳。甲烷的温室效应是二氧化碳的 25 倍。近期估算显示，北极永久冻土的融化速度超过了预期，因此这一现象所释放的大量甲烷对气候的影响为全球森林砍伐的两倍。

掩盖真相 少数科学家和他们的支持者们认为，全球变暖的情况并没有政府间气候变化专门委员会（IPCC）所宣称的那么糟糕。他们指出，在地质记录中，二氧化碳的大幅增加似乎晚于全球气温的升高。但这可能是由正反馈导致的，即气温上升可能会导致大气中二氧化碳含量的上升。在地质历史中，最初的气温上升可能确实是由于诸如太阳之类的其他因素造成的，那时还没有人类燃烧化石燃料，但这并不代表二氧化碳水平的升高不会导致气温上升。事实上，环境污染所造成的全球黯化，以及当前所处的太阳黑子周期的低活跃期都可能掩盖了地球变暖的真实程度。

> **事实不容我们争辩……我们这一代人破坏地球宜居性、毁掉后代未来的行为是错误的。**
> —— 阿尔·戈尔，2008 年 12 月

2500 年	5000 年	10 000 年	5.5 万年
气温达到峰值，上升 8℃	格陵兰冰冠完全消融，海平面上升 12 米	南极洲东部融化，海平面上升 70 米	由于温室效应的增强，可能出现的冰河时代得以避免

阳光工程

1992 年，菲律宾皮纳图博火山的爆发激发了科学家们的灵感。由于火山喷射到平流层中的硫酸盐气溶胶将阳光反射回太空中，在随后两年中，全球气温大约下降了 0.5℃。如果造几个人造火山，通过平流层气球悬挂的软管，不断喷发出反光粒子，来重现上述过程，就能够保持全球气温的稳定。这在理论上可行，但在实践中存在一些未知因素和许多伦理问题。

极端的气候事件　气候模型显示，全球变暖的发展趋势并不均衡。北极和南极边缘近年来的暖化程度比其他地区更为严重。在其他地方，气候变化似乎加剧了现有的问题：热带地区的降水变得更加不稳定，沙漠变得更加干旱，温带地区的干旱和风暴变得更加频繁。世界粮食产量也会因此受到严重的影响。

涨潮　气候变化也会影响海洋。由于海面温度上升，海水无法下沉来完成海洋环流的传送。北大西洋暖流能够保持英国温和的海洋性气候，同时也为海洋生物和渔场输送必要的营养物质。大气中增多的二氧化碳会溶解在海水上层，使海水的酸性升高，造成珊瑚与贝壳酸解，从而进一步危害海洋生物。最终，随着极地冰冠的融化以及冷水的变暖和蔓延，海平面会开始上升——即使只上升几厘米，对于面临巨浪的低洼地区来说也是个坏消息，而如若上升 1 米，一些临海省份、沿海城市乃至整个国家（例如孟加拉国）都将面临毁灭性的洪水灾害。如果极地的冰全部消融，海平面将会升高 70 米！

2100 年后　相对地质学的深时而言，人类的一代如弹指一挥，一届政府的任期更是微乎其微。那么在 100 年后，甚至是 1000 年后，气候将会发生怎样的变化？大部分气候模型的预测截止到 2100 年，但问题是地球不会停留在 2100 年。其中一种预测显示，地球二氧化碳水平

大气地质工程

到目前为止，还看不出人类准备为大幅减少碳排放而做出必要的牺牲。也许技术可以做出补偿？令海洋富养浮游生物消耗海水中二氧化碳的实验初见成效，但很快被消耗的二氧化碳就被重新释放到大气中。把发电厂排出的二氧化碳通过废弃的油井压送回地层深处，这种方法在技术上可行，但经济代价让人望而生畏。其他控制碳排放的方法还包括在城市中密布管道，通过化学方法吸收二氧化碳，或是将石灰岩转换成石灰洒在海洋上，这一过程吸收的二氧化碳是制造石灰所排放的二氧化碳量的两倍。以上这些地质工程技术都耗资巨大，而且都只是控制碳排放的临时举措。

的上升趋势将会持续到 2050 年，气温会因此上升 2℃到 4℃，并会持续几个世纪之久。但最糟糕的一种情况是，人类会维持现状直到所有煤炭储量用尽，这样到了下个世纪，气温会上升 6℃到 10℃，并持续数千年之久，两极的冰川会因此完全融化。

减慢全球变暖的速度

48 未来进化

有着五亿年历史的地球动植物已经见证了一些神奇生物的进化，从微小的生物到巨大的生物，从优雅的生物到古怪的生物。最适合且最能适应环境的生物存活了下来并开始进化。这一过程还在继续吗？我们人类仍在进化吗？

有人说进化是遗传和时间的产物。但是，如同达尔文所认识到的，进化同样需要自然选择的过程，即适者生存，或者更确切地说是适者繁衍。只要遗传变异影响繁殖的成功率，进化就会继续下去。

当外部因素稳定时，进化是一场相对温和的"军备竞赛"。它可以是一个物种为了繁衍后代而进行的内部竞争，如占据统治地位的雄性动物阻止其他雄性成员进行繁殖；它可以是与捕食者之间的竞争，如为了不被吃掉而让自己变得不显眼、动作敏捷或体型巨大；它也可以是受疾病驱使的，如具有足够强的抵抗力来对抗传染病或至少不会被传染病致死。

下一次灭绝 改变终会发生，原因可能是气候突然变化，或是遭遇小行星撞击，又或是大规模的火山爆发。对于适应能力较差的生物来说，变化的速度太快，它们来不及慢慢适应和进化，结果就会灭绝。

6500万年前的变化使恐龙彻底灭绝了，如今改变可能会再次发生，但其最主要的原因可能是人类的捕猎和对栖息地的破坏，以及人类将食

大事年表　虚构的未来图景

2025 年	2030 年	2042 年	2048 年	2050 年
基因库保存有 100 万个物种的基因样本	针对某些遗传性疾病的基因治疗法得到普及	大熊猫和孟加拉虎从世界上消失	克隆渡渡鸟重回毛里求斯	人类生殖系基因疗法获得许可

> **❝恐龙的消失是因为它们无法适应不断变化的环境。如果人类不能适应一个拥有宇宙飞船、计算机和热核武器的环境，那么我们也终将消逝。❞**

—— 阿瑟·克拉克

肉动物引入了封闭的环境中。

更新世的许多巨型动物都已经从地球上消失。猛犸、巨型麋鹿、剑齿猫、恐鸟以及其他许多动物都已绝种。大熊猫、老虎、大象、犀牛和某些鲸类等正面临威胁。它们都是繁殖缓慢且长寿的大型动物，因此进化缓慢且易受变化的影响。如果没有人为干涉，这些动物中的一些可能已经灭绝了。事实上，一些动物正是通过人工繁殖才存活下来。

拯救物种 实验室遗传学与克隆技术的进步增大了保存物种的可能性，但不是以活体动物的形式保存，而是以冷冻细胞的形式保存，这种细胞有朝一日能够再次生长。也许，甚至是新近灭绝的生物也能通过这种方法复活。目前，成千上万种植物物种被保存在种子库中，科学家们正竞相在地球遗传多样性彻底消失之前发现并保存它们。然而一个装满了细胞的冷藏库远远无法弥补失去的一片森林或一座珊瑚礁。如果物种继续以当前的速度灭绝的话，那么我们这个时代的大灭绝将可与白垩纪末期和二叠纪时期比肩。

人类的进化 然而，人类的进化又如何呢？自从我们的祖先于700万年前与黑猩猩的祖先分道扬镳以来，人类似乎已经取得了长足的进步。但人类基因的变化相对较少，其中最大的变化可能源于社会进化

2056 年	2112 年	2113 年	2417 年	3642 年
出现第一家为设计婴儿提供美容性基因改造的公司	出血热流感导致40%的人口死亡	全球老鼠数量是人口的两倍	蚁群能够进行先进的化学信息处理	出现巨型灰松鼠使用石器的首个证据

和由此造成的大脑发育。而这其中一些较为显著的基因变化对应着我们已经失去的一些特征，比如浓密的体毛和消化生食的能力，后者是因为烹饪技术的发展才消失的。人类在进化过程中也有所收获。例如，赤道地区的人类进化出了保护无毛身体免受日光伤害的皮肤色素。（但在高纬度地区，为了产生充足的维生素 D，人类不得不放弃这种色素。）人类还获得了一种对语言能力至关重要的 FOXP2 基因。同时，人类在与疾病的斗争中也继续进化着。许多非洲居民体内有一种被称为"达菲抗原"的血液因子，能够免疫一种常见的疟疾。欧洲新石器时代农耕民族的后裔保留了消化鲜奶的能力，这是因为他们体内携带一种基因，该基因会在断奶后关闭。

未来的人类进化 很难断定人类在未来会进化到什么程度。因为人类能够运用技术这一权宜之计来改变环境以满足自己的需求，所以可能没有多少压力来促使人类进化出更好的适应环境的能力了。但通过洲际旅行、国际都市和跨国婚姻，新的基因组合正在不断出现。只要还存在儿童夭折的现象，只要还存在出生率差异，自然选择就仍将发挥作用。

也许，一个更大的进化改变即将来临。我们正在对农作物乃至动物进行基因改造，以增强它们的传统用途，或开发出新用途，例如用于药

勇敢的新生儿

基因科学已经发展到可以轻松从头设计基因的地步，可以对人类的自然属性加以改进，或者使其具有全新的功能。治愈遗传性疾病或许很快就能实现，人类很有可能接受基因改造。目前，取代个体中有缺陷的基因还停留在理论层面。但原则上生殖细胞能够修改，这种细胞能够产生卵子或精子并成为下一代的起点。因此，困扰一个家族几代人的遗传性疾病有可能会被消灭，但这也可能导致出现一个满是"设计婴儿"的"勇敢的新世界"。

我们消失之后

如果人类因瘟疫或战争灭绝，还有什么其他物种能够进化以取代人类呢？几百万年前，还曾有一些中度智能的古人类曾经严阵以待，但显然，如今的现代人类后继无人。首先填补这一空白的是机会主义者，即如杂草般顽强的动物，可能是老鼠或蟑螂。但这类以人类文明的垃圾为食的动物不会存续太久。黑猩猩或大猩猩不太可能很快接任，而群居性的鸟类（如乌鸦）可能会进化出一定的智能。或者，就像多细胞动物代替原生动物一样，蚂蚁群或白蚁群可能会进化为智能超个体。

品生产。在某些实践中，基因改造与精密的作物育种如出一辙；但在某些情况下，培育出在黑暗中发光的兔子或有着鱼类基因的西红柿会引发严重的伦理问题。

自然选择还是
人工进化？

49 未来板块

你的地图册正在慢慢过时。海洋在不断地扩张与闭合，陆地板块也在无休止的板块华尔兹中发生着碰撞。现有地图仅适用于一两代人，100万年后，大西洋的宽度会增加10千米，2.5亿年以后，它可能不复存在。

板块变化已经持续了三四十亿年之久。过去，消失的海洋深深地沉入了地幔，山脉成了构造板块间古老碰撞的标志。那么板块的未来如何呢？

未来的海洋 东非大裂谷是非洲地图上最显著的特征之一。它像一条巨大的伤口一样，贯穿非洲大陆南方的莫桑比克，割裂并包围了维多利亚湖以及其他大型的东非湖泊，然后向北穿过埃塞俄比亚与厄立特里亚进入红海。之后它继续延伸，穿过死海和约旦河谷，直至抵达黎巴嫩。它有可能发展成一片新的海洋。

大裂谷的大部分属于典型的大陆裂谷，即一种大陆板块崩塌后形成的大陆裂缝，两侧形成了一系列巨大的阶梯。然而向北穿过埃塞俄比亚，来到阿法尔洼地时，大裂谷的特征发生了改变，火山活动沿裂谷中心变得更加频繁。这些火山本身并不是高大的锥形火山，只是喷涌出玄武岩熔岩的裂缝。虽然阿法尔洼地身处陆地，但看起来更像大洋中脊。

大事年表 未来简史

现在	5000 万年后	1.5 亿年后
大西洋缓慢扩张，印度完成与亚洲板块的碰撞	大西洋的宽度达到最大，俯冲开始。非洲板块向欧洲移动并创造出地中海山脉。北上的洛杉矶越过了现在温哥华的位置	大西洋收缩，太平洋与澳大利亚以及婆罗洲发生碰撞，非洲与欧洲板块的碰撞将不列颠群岛推入北极圈内

再往北去，我们来到厄立特里亚边境的达纳吉尔凹地，其海拔低于海平面 100 米。它被称为地球上最蛮荒的地方，因为这里是一片沙漠，日间气温灼热，灌木丛密布，火山岩呈锯齿状，还有全副武装的部落族人。尔塔阿雷火山位于中央，那里有一个存续了一个世纪之久的熔岩湖。它位于大裂谷、红海和亚丁湾的交界处，并坐落在非洲板块下方一个正在上升的地幔柱的侧枝之上。这个地幔柱将要分裂非洲大陆，创造出一个新的海洋。东非裂谷正在变宽和下沉。也许在未来某一天，非洲之角会被一个正在扩张的海洋从非洲大陆上分离出去。

消失的海洋 古海洋并不存在。当海洋岩石圈的历史达到 1.8 亿年左右的时候，它会变得非常寒冷和致密，只能重新沉入地幔。地中海是侏罗纪时期巨大的特提斯洋的残余，500 万年以后它也将消失。最年轻的大西洋也不会永远存续。最终，它的某些边缘，很可能是其与加勒比海以及美洲交界的西部边缘，将会形成一个深槽并深深俯冲到大陆下方。随后大西洋会再次开始闭合。

未来的山脉 波士顿、里约、纽约等美洲东海岸城市的遗迹将被类似安第斯的火山山脉抬升。同时，

> **睿智的大自然如此精巧地安排着一切，一个板块的消亡总是伴随着另一个板块的诞生。**
> ——詹姆斯·赫顿，
> 《地球理论》，1795 年

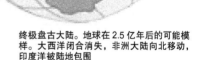

终极盘古大陆。地球在 2.5 亿年后的可能模样。大西洋闭合消失，非洲大陆向北移动，印度洋被陆地包围

2.5 亿年后
终极盘古大陆。非洲板块包围了美洲，南非将位于现在加勒比海所在的位置。澳大利亚/南极洲接近智利。残余的印度洋变成一个内陆海

20 亿年后
地球外核冻结成固体，磁场消失，板块构造变缓并最终停止

终极盘古大陆

　　未来超大陆的形成或许有两种迥然不同的情形。它们都取决于大西洋板块开始俯冲的时间。在这两种情形中，大西洋都有可能在接下来的5000万年中继续变宽，扩张500千米。如果那时大西洋的西部边缘开始向美洲板块下方俯冲，大西洋就会在接下来的2亿年中开始再次闭合，从而形成美国哥伦比亚大学地质学家克里斯·斯科特斯说的"终极盘古大陆"的超大陆。

　　形成青藏高原的地质板块的碰撞将慢慢停止，非洲则会继续向北朝欧洲靠拢，直到曾经的地中海变成类似喜马拉雅一样的绵延的高山。

　　威尔逊旋回　　板块构造学说的提出者图佐·威尔逊发现，我们今天所见的板块分布是由一个名为盘古大陆的超大陆分离形成的。他同样意识到，盘古大陆的分离并不是这一过程的开端，在先前的地质更替中超大陆已反复形成和分离多次，每次会持续5亿年甚至更久。这个所谓的威尔逊旋回至今仍没有结束，板块还将再次聚在一起。唯一的问题在于，它是前后颠倒还是内外颠倒（参见"阿美西亚大陆"）。

阿美西亚大陆

　　如果大西洋没有闭合，太平洋就会收紧间隙，形成一个不同的板块拼图，并且将先前的盘古超大陆从内到外翻转过来。在这种情况下，美洲会转向东亚形成一个名为"阿美西亚大陆"的超大陆（由美国哈佛大学的地质学家保罗·霍夫曼提出，这个名字是"亚美利坚"和"亚细亚"的结合）。不管怎样，板块华尔兹还会继续。

地球冻结之时 板块构造运动以及与之相关的火山爆发是地球释放内部热量的方式。放射性衰变和内核逐渐凝固的过程仍然在产生大量的热量。40亿年前,地球肯定有巨大的热量,因此地幔不断地摇动,火山喷发遍布全球,没有机会形成稳定板块。有证据显示,板块构造可能始于30亿年前。未来,因为地球的冷却,板块构造将不可避免地放慢速度。20亿年后地核可能会冻成固体,这将意味着地球磁场可能会消失,大陆漂移也会随之停止。

板块继续漂移

50 地球的尽头

对于一个充满了精巧的碳基生命形式的小行星来说，浩瀚的宇宙似乎不是一个友好的地方。幸运的是，地球曾有过数亿年相对稳定的岁月，人类得以发展并对其星球加以研究，对神奇的地球惊叹不已。但地球不会永续存在，我们的世界终将走向尽头。

自然灾害每年都会发生，地震、火山爆发、海啸、飓风，等等。它们会对当地或局部地区造成悲剧性的影响，但不会对物种或整个地球造成威胁。即使是长期猛烈喷发的超级火山，或者曾经与大灭绝有关的泛流玄武岩，也不会造成物种灭绝。为了找到世界末日的征兆，我们要将目光投向地球之外。

世界末日的预言 如今 2012 年 12 月 21 日已经过了，所以这一天为世界末日的预言显然是假的。这个预言基于古老的玛雅历，它和所有的历法一样也描述天体运转的轨道。玛雅周期或者"长历法"比其他多数历法要长，它的结束时间为订立之后 5125 年的 2012 年冬至日。尽管玛雅文字中并没有提到世界会在那时终结，但它催生了世界末日的预言和一部好莱坞大片《2012》。

《诸世纪》中谈到了地震、海啸、太阳风暴和众星连珠。太阳系的行星在 2040 年之前不会连成一线，即便它们连成一线，它们的潮汐效

大事年表 地球可能的未来

5 亿年后	8 亿年后	9 亿年后	10 亿年后
火星开始地球化	在木星和土星的卫星上建立殖民地	第一艘星际飞船出发前往寻找新世界	太阳辐射增强，开始蒸发地球上的海洋

转移战场

如果发现一颗小行星正飞向地球，我们仍然有可能避开它。用导弹将其炸成碎片不是解决问题的方法，这只会使问题加剧，而且还会引发一些意想不到的保险索赔。最佳策略是提前发现数条小行星轨道，然后轻轻推动一下小行星即可。在小行星的一侧涂上反射涂料后，太阳光就能完成剩余的工作。

如果登上小行星，利用火箭发动机或是温和的电力推进系统，就能产生足够的动力将其推向新轨道。如果这些方法都失败了，还可以在小行星的附近而不是在其上引发一次核爆炸，就能在不炸碎它的前提下使其轨道发生偏转。

应也只有月球引力的百万分之六十四。此外《诸世纪》还提到，地球会与一个叫作"尼比鲁"的神秘小行星相撞。据说这是苏美尔人在公元前 2500 年左右发现的，据说这个小行星的轨道周期长达 3600 年。果真如此的话，苏美尔人应该使用了一个强大的望远镜进行观测，而且现代天文学家也会注意到它的存在。这类预言谈及更多的可能是人类心理学而不是地球的未来！

太阳风暴　太阳活动的周期是 11 年，我们中的大多数人已经毫发无损地度过了数个周期。这本书写作之时，太阳活动周期刚开始不久，而且太阳活动似乎没有以往那么活跃。尽管如此，太阳有时候会向地球喷射带电粒子风暴。它们会破坏卫星并造成电路中的电涌，但它们的出现并非世界末日。

10.5 亿年后	35 亿年后	50 亿年后
海洋被蒸干，水蒸气引起了和金星类似的温室效应	银河系开始与仙女座星系碰撞，撞击风险不断增大	太阳膨胀成一颗红巨星，而地球则变成一堆死气沉沉的煤渣

外星环境的地球化

　　人类在月球上建立基地和登上火星只是时间和金钱的问题。最终，所有想法都会转化为星际移民行为。火星成为类地球的可能性更大。这需要释放火星极冠或地层储备中的大量二氧化碳，来增强温室效应，提高温度，使液态水得以存在于火星表面。然后，和早期地球一样，利用细菌制造出含氧的大气层。数百万年之后，我们将会拥有第二故乡。

　　碰撞　小行星撞击是一个真实存在的威胁。但是，与束手无策的恐龙不同，人类拥有强大的望远镜和太空计划。多国合作的"太空卫士计划"包含许多个子项目，目的是识别任何可能接近地球的大型目标。该计划至今已收录了 1000 多个直径超过 200 米的天体，它们可能在 20 倍于月地距离的范围内接近地球。2011 年 11 月 8 日，其中一个叫作 YU55、直径 400 米的暗星体和预期中一样，在距离地球 324 900 千米的太空中安全经过。第一个被认为会对地球构成威胁的目标将在 2880 年飞向地球，届时应该会有使其运行轨道发生偏转的好办法（参见"转移战场"）。

　　来自宇宙的威胁　来自太阳系之外的威胁更难预测。太阳围绕银河系公转的周期是 2.4 亿年，在此期间它会穿过银河系的旋臂。这可能会激起长周期彗星并增大碰撞的风险，不过这似乎与过去的大灭绝无关。

　　地球的另一个威胁可能来自附近的爆发星。质量比太阳大得多的恒星在消耗完核燃料后就会坍缩，引起一次超新星爆发。地球附近的爆发星辐射会破坏地球的臭氧层，但除此之外不会有其他损害。破坏更为严重的是附近的超新星爆发，即一种会在恒星原来的位置形成黑洞并喷射大量 γ 射线的恒星大爆炸。如果最初的爆炸朝向地球喷射射线，那么射线可能会对其所接触的半球造成严重的辐射危害。由于地球在不断自转，此时的它就会像铁叉上的烤鸡一样接受辐射的烧烤。但是这样的超新星在银河系这个经过演化的星系中非常罕见。

膨胀的太阳 对于地球上的生命来说，最现实也是不可避免的威胁来自太阳，因为太阳的内核最终会消耗殆尽。它的大小完全不足以发生超新星爆发，但它会开始膨胀并形成一颗红巨星。膨胀的炽热气体块会向外扩散并吞没水星和金星。气体可能不会抵达地球，但它的热量以及源于它的带电粒子流会剥离地球大气层并蒸干海洋。剩下的地球会像一块烧完的煤渣。庆幸的是，这种情况在未来四五十亿年里不太可能发生。

寻找其他世界 在过去的十多年时间里，天文学家们开始探测和太阳系一样的星系。截至 2011 年年底，大约有 2000 个星系记录在案。其中绝大多数是被中央恒星牵引的巨型行星（类似木星或更大的行星）。但有证据表明，少数遥远的类地行星上有可能存在液态水。有些可能已经具备生命条件，可能存在细菌，也可能存在某种文明。有的还可以供人类移民。

宇宙浩瀚无边，除非发明了超光速的曲速引擎，否则我们抵达新家园需要花上数千年的时间。也许星际移民们会在航行中冬眠，也许他们的后代会在途中降生，也许人类的后代可以通过身体或仪器实现某种程度的永存。然而一旦定居下来，智能生命将不会轻易放弃他们对新星系的坚守。

> **文明的存在受地质条件的制约，且经历着潜移默化的改变。**
> —— 美国学者威尔·杜兰特
> 1935 年

奔向太空！

术语表

板块构造论　在海底扩张和大陆漂移的过程中，岩石圈的板块之间能够发生相对位移的学说。

变质岩　经过高温或高压改造而形成的岩石。沉积岩与火成岩均能形成变质岩，既能形成轻微变质的针闪云煌岩，也能生成彻底改变的片麻岩。

不整合面　沉积岩层之间的分界，表明了沉积的中断。有时，下层年代较为久远的岩层会被翘起或折叠，先于新岩层被侵蚀而位于不整合面之上。正是不整合面帮助詹姆斯·赫顿了解了地质的深时。

沉积岩　由其他岩石经过物理或化学作用产生的物质所组成的岩石。陆地和海洋都有沉积岩，但以海洋沉积岩居多，并且是在岩层中形成的。

磁气圈　由地球磁场及其伸向太空的运动而产生的稀薄的电离气体层。它吸引着地球外部的范艾伦辐射带，同时为地球阻挡来自太阳的带电粒子流。

大陆　地球表面的大型陆块，现在共有七块。构成大陆的岩石比构成海洋地壳的岩石的厚度大、密度小。

大洋中脊　隆起于海底中部的山系，新的海洋地壳诞生的地方。大洋中脊通常被产生新海洋地壳的裂缝一分为二，有时候会被与其垂直的转换断层错开。

地幔　地壳底层至地核上部、深度为 2900 千米的地层，由致密的硅酸盐岩石构成。上地幔和下地幔之间有一个深约 670 千米的清晰的分界，该分界只是成份或者密度不同。板块构造学说正是基于地幔对流。

地幔柱　从地幔慢慢上升的低密度热岩石柱。地幔柱可以一直通到地核与地幔的边界，为地球内部热对流的主要通道。地幔柱的上部常常发生火山活动。

地壳　地球表面覆盖的薄薄的岩石外壳。海洋地壳的平均厚度为 7 千米，而大陆地壳的厚度则在 20 ～ 60 千米不等。

地震　断层活动偶尔造成的地面剧烈震动的现象。构造板块交界是地震最频繁的地带。

地震波　在岩石中传递的弹性振动波，既有横波也有纵波，而且经过不同岩层时，会像光通过透镜时一样发生反射和折射。地震波通过天然地震或人工爆破产生，被地质学家用于勘测土壤或探索地球的内部结构。

断层　因岩石的相对运动而出现的地壳裂缝，常常发生在地震中。岩石的运动可以是横向的（走向滑动断层），但是以纵向居多（倾向滑动断层）。垂直角度的断层面在拉张力的作用下会使位于上层的岩石下降，形成正断层。在挤压作用下，上层岩石可以上升，形成逆断层。倾角小于 45° 的逆断层称为逆冲断层。

厄尔尼诺　厄尔尼诺是一种气候现象的名称，指的是太平洋暖流有时会在圣诞节前后向东流向南美洲海岸，一方面对美洲渔业产生影响并带来风暴和洪水，另一方面却造成西太平洋地区的干旱。有时一年后会出现一股寒流，其效应与厄尔尼诺现象相反，这就是拉尼娜现象。

俯冲　在海沟处或大陆边缘下发生的古老的海洋岩石圈下沉至地幔的过程。俯冲常常伴随地震和火山活动。

海底扩张　新的海洋地壳形成并从大洋中脊向外延伸的过程。

海啸　因海底地震或滑坡造成的海面恶浪。海啸能够横跨整个大洋，在靠近海岸线和浅海域时掀起破坏性的水墙。

花岗岩　一种常见的火成岩，是由地表深处的岩浆形成的。花岗岩能够随着地壳的抬升形成巨型的半球状结构——岩基。经过慢慢冷却，花岗岩会包含长石、石英、云母等大型晶体。

化石 史前动植物保存在岩石中的遗体、遗物和遗迹。化石中能够包含来自原始生命的物质，这些物质或被周围沉积物的矿物质所渗入取代。遗迹化石包括生命体留下的洞穴、足迹等痕迹。

化石燃料 生物遗存经过腐烂、掩埋，变成化石后形成的富碳燃料。化石燃料包括煤、石油和天然气，它们的形成历经数百万年，而今即将在几十年内消耗殆尽。

火成岩 由熔化的岩浆形成的岩石。主要分为喷出岩和侵入岩两种类型，前者因岩浆通过地表裂隙和火山涌出而形成，后者因岩浆深入其他岩层而形成，如花岗岩。

火山 火成岩喷出地表的产物。它可能不过是一个裂隙，也可能形成一座顶部有活火山口的高山。有时一场火山爆发之后就会沉降出一个圆形的火山口。

劳亚古大陆 超级泛大陆的北部古陆。约 2 亿年前，它与南部的冈瓦纳古陆分离。该大陆包括了欧洲、北美洲以及亚洲的大部分。

莫霍面 地球外壳与内壳之间的界线，地壳底部的特别岩层。尽管它和位于其下方的地幔岩石圈同属一个板块，但是组成物质的差异使莫霍面能够传导地震波。

盘古大陆 约在 3.2 亿年前的石炭纪形成的最新的超大陆。它在 2 亿年前左右再度分裂，也许大约 2 亿年后又会重新聚合成超级盘古大陆。

侵蚀 岩石因水、风、冰的物理作用，或因水被溶入其中的二氧化碳酸化这一化学作用而被磨损的过程。

熔岩 喷出地表的岩浆。

软流层 地幔最软的岩层，位于岩石圈之下。虽然总体上来说很坚硬，但会随着地幔对流而运动，同时带动地质板块。由于软流层较软且温度很高，地震波可以以缓慢的速度在其中传播。

同位素 同一元素的不同原子，其原子具有相同数目的质子，但中子数目却不同。有一些同位素具有放射性，会按照一定的周期衰变。现代质谱仪具有惊人的准确性，能够测量岩石中不同同位素的比例，从而判断岩石的年代或揭示它们的形成过程。

冈瓦纳古陆 旧称冈瓦纳大陆，是约 5.4 亿年前由一个超大陆分解而成的南方古陆，包括了今天的南极洲、澳大利亚、印度、南美洲以及非洲。此后经过 200 万年的时间，它与北方大陆汇合形成超级泛大陆。

温室效应 因水汽、二氧化碳、甲烷等气体吸收太阳辐射却阻止地表热量的散发，而造成地球表面气候的变暖。如果没有温室效应，地球将是冰天雪地，但是温室气体的不断增加正在造成气候的过度温暖。

吸积 微小颗粒聚合成较大物体并最终形成行星的过程。

玄武岩 上地幔部分熔融形成的纹理细密、颜色暗黑的火山熔岩。它是最常见的火山岩，也是海洋地壳的主要组成物质以及盾状火山喷发物的主要成分。

岩浆 上地幔部分熔融的岩石。岩浆有时会留在地表下形成岩浆房，但喷出地表后就被称作熔岩。

岩石圈 包括地壳和地幔上层在内的坚硬而易碎的部分。它们共同组成了岩石圈板块，在大陆漂移中扮演主要角色。沿大洋中脊的岩石圈的厚度与地壳差不多，但是较为古老的海洋岩石圈的厚度能够达到 100 千米，而陆地之下的岩石圈的厚度则能够超过 200 千米。

褶皱 岩层因为地壳运动而发生的波状弯曲变形。向上凸起的褶皱叫作背斜，向下凹陷的褶皱叫作向斜。在诸如阿尔卑斯山脉这样地壳发生强变形的地区会产生多重褶皱或是推覆体。

震中 地表正对震源即地表断裂处的位置。